# 航空宇宙エンジニアになるには

なるにはBOOKS 159

小熊みどり 著

ぺりかん社

# はじめに

みなさんは飛行機やロケットを見ると、なんだか自然とわくわくしませんか。単純に大きくてかっこいいからという理由もあるでしょうし、高度な技術が詰《つ》まっているから、遠くへ連れていってくれるからでしょうか。

2020年からの新型コロナウイルス感染症《しょう》の影響で人の移動がストップしたため、旅客機の運航本数は一時的に激減《げきげん》しましたが、空に旅客機が戻《もど》ってきました。また、物流の手段としても航空機は私たちの暮らしには欠かせません。「空飛ぶクルマ」にも乗ってみたくありませんか。

宇宙業界では、アポロ17号以来50余年ぶりに、NASAが再び月に宇宙飛行士を送ろうとしています。民間企業《きぎょう》による多種多様な「宇宙ビジネス」も活気づき、まだまだ高額な費用はかかりますが宇宙飛行士でなくても宇宙に行ける時代になっています。

この本では、旅客機などの航空機や、ロケットなどの宇宙機を設計・開発する航空宇宙エンジニアの仕事と、航空機のメンテナンスをする航空整備士の仕事を紹介《しょうかい》します。航空機にかかわる仕事は、パイロットや客室乗務員、管制官、空港のスタッフなどたくさんありますが、この本では機械としての航空機本体にかかわる仕事に注目しました。

私は大学院で宇宙探査の理学研究をしていたのですが、理学と工学は同じことをやっていても視点が異なります。たとえば火星探査なら、理学の人は「火星がどんな惑星《わくせい》かを調べたい」のですが、工学の人は「火星に行って、うまく着陸する機械を作りたい」というような違《ちが》いがあります。エンジニアのみなさんにお話をうかがい、新しい視点を得ることができました。

航空工学については、複雑な航空機の仕組みや、一大プロジェクトである新型機開発、航空整備士が活躍《かつやく》する場の多さなど、知れば知るほど奥が深く、途方《とほう》に暮れそうになりましたが、どうにかひと通りまとめてみました。もっとくわしく知りたい方は参考文献《ぶんけん》にあげた本などをご参照ください。

航空も宇宙もスケールが大きくておもしろく、仕事の範囲《はんい》もどんどん拡大している分野です。みなさんもこの本を読んで、航空宇宙エンジニアや航空整備士の仕事に興味をもってもらえたらうれしいです。

最後になりましたが、インタビューに快くご協力くださったみなさまにあらためて御礼《おれい》申し上げます。ありがとうございました。

著者

# 航空宇宙エンジニアになるには　目次

# ［3章］なるにはコース



※本書に登場する方々の所属、年齢などは取材時のものです。

［装幀］図工室　［カバーイラスト］ハラアツシ　［本文写真］取材先提供

## 「なるにはBOOKS」を手に取ってくれたあなたへ

「働く」って、どういうことでしょうか?

「毎日、会社に行くこと」「お金を稼《かせ》ぐこと」「生活のために我慢《がまん》すること」。

どれも正解です。でも、それだけでしょうか? 「なるにはBOOKS」は、みなさんに「働く」ことの魅力《みりょく》を伝えるために1971年から刊行している職業紹介《しょうかい》ガイドブックです。

各巻は3章で構成されています。

**[1章] ドキュメント** 今、この職業に就いている先輩《せんぱい》が登場して、仕事にかける熱意や誇《ほこ》り、苦労したこと、楽しかったこと、自分の成長につながったエピソードなどを本音で語ります。

**[2章] 仕事の世界** 職業の成り立ちや社会での役割、必要な資格や技術、将来性などを紹介《しょうかい》します。

**[3章] なるにはコース** なり方を具体的に解説します。適性や心構え、資格の取り方、進学先などを参考に、これからの自分の進路と照らし合わせてみてください。

この本を読み終わった時、あなたのこの職業へのイメージが変わっているかもしれません。「やる気が湧《わ》いてきた」「自分には無理そうだ」「ほかの仕事についても調べてみよう」。

どの道を選ぶのも、あなたしだいです。「なるにはBOOKS」が、あなたの将来を照らす水先案内になることを祈っています。

# 1章

ドキュメント

# 航空宇宙エンジニアの現場から

ドキュメント 1 航空機生産のエンジニア

# 航空機の作り方を考え、提案する

川崎重工業株式会社《かわさきじゅうこうぎょう》
矢《や》野《の》史《ふみ》宗《のり》さん

## 矢野さんの歩んだ道のり

1975年、愛知《あいち》県生まれ。京都《きょうと》大学工学部卒業、同大学大学院エネルギー科学研究科修士課程修了《しゅうりょう》。2001年川崎重工入社、環境《かんきょう》プラント部門に配属。2007年同社の航空宇宙システムカンパニーに異動し、ボーイング777Xの工程設計を担当。現在は航空機の組み立てに用いる新技術開発のプロジェクトマネージャーを務める。学生時代は野球部に所属。今は地元中日《ちゅうにち》ドラゴンズの結果に一喜一憂《いっきいちゆう》している。

## 航空機製造の工程を設計する

飛行機を工作する時、みなさんならどうしますか。まず簡単に絵を描《か》いて、それをだんだん詳細《しょうさい》にした設計図を描《か》くでしょう。つぎは材料を集めます。木にするか、紙にするか。紙ならどんな紙がいいかと考えます。はさみやボンドなどの工具、ねじなどの細かい部品も集めます。ここでいきなり作り始めてしまうと、途中《とちゅう》で「あっ、この工具も必要だった」と困るかもしれません。作業に入る前に、製作の手順をイメージすると作りやすくなりそうです。そしていよいよ作り始めますが、材料を切ったり貼《は》ったりしてみると、思ったようにはうまくいかないかもしれません。設計を見直すか作り方を変えるか。いろいろ試行錯誤《さくご》しながら作って、やっと完成です。

もちろん実際の航空機製造はもっとずっと複雑ですが、矢野さんはこのように航空機を作る手段と手順を考える、つまり航空機の製造工程を設計する「工程設計」のプロです。「私たち工程設計者は、設計図に描《か》かれている航空機を、可能な限り〝簡単に、安全に、かつ低コストで作る方法〟を考えます。どの順番で部品を付けていくのが早くて安全か。部品を上向きに付けるのと、下向きに付けるのとではどちらが簡単か。そんな細かいところの工夫が、品質と製造スピード、そして作業の安全性を向上させます」

緻密《ちみつ》な機械である航空機は、その作り方も緻密《ちみつ》に考えられているのです。

## 製造にかかわるすべての要素を考慮《こうりょ》

矢野さんのいる川崎重工は、アメリカのボ

ーイング社の主要な大型旅客機の部品（コンポーネント）を製造しています。「ボーイング787」では前部胴体《どうたい》や主脚《しゅきゃく》の格納部など、「ボーイング777X」では前・中部胴体《どうたい》や主脚《しゅきゃく》の格納部、貨物扉《かもつとびら》の製造を担当しています。

航空機の製造工程には、大きく分けて3段階あります。第1段階は機体の生産工程の考案、第2段階は部品の製造、第3段階は組み立てです。ボーイング777Xの場合は、岐《ぎ》阜《ふ》工場で部品の製造と組み立てが、名古屋《なごや》第一工場で最終組み立てが行われ、完成した胴《どう》体《たい》部分は船でアメリカ・ワシントン州シアトル郊外《こうがい》にあるボーイングの工場に出荷されます。

「工程設計者は、その第1段階で製造・組み立ての方法を考えて終わり、ではなくすべての段階にかかわります。スケジュールを立て、材料や部品の上流工程からの流れ（サプライチェーン）やすべての部品・工具・設備・人員の配置を考え、工程を組み立て、製造ラインを実際につくりあげます。部品の製造や機体の組み立てが始まったら、製造部門をサポートします。最終的に全体がどうなるか、自分が担当するところだけではなく、その後の工程もやりやすいように、ということも考えながら設計します」

もちろん、そのすべてを矢野さんが一人で考えるわけではありません。

「もっとくわしく言うと、工程設計は『生産技術』の一部です。生産技術には大きく分けて三つの分野があります。どういう手段・手順で作るかを考える工程設計、必要な製造設備や治工具《じこうぐ》（作業を補助する道具や足場）を

デスクで執務中の矢野さん。工程設計を組み立てる

設計・導入して維持《いじ》管理する設備・治工具《じこうぐ》技術、既存《きぞん》の製造手段をブラッシュアップしたり新しい製造手段を開発したりする生産技術開発です。それぞれの分野にプロが、たとえば〝製造設備のプロ〟などがいます。女性のエンジニアもたくさん活躍《かつやく》しています」

## 環境《かんきょう》技術に興味をもち大学院へ

矢野さんは愛知県で育ち、小学生のころにはよく小牧《こまき》空港（県営名古屋空港）の展望デッキで航空機を見ていて、間近で見るボーイング747の大きさと迫力《はくりょく》に圧倒《あっとう》されたそうです。興味がないことにはあまり取り組まない一方で、興味をもったことにはとことん夢《む》中《ちゅう》になってがんばるタイプでした。

大学・大学院では資源のリサイクルに関する研究をしました。

「ちょうど私がいた京都で第3回気候《きこう》変動《へんどう》枠《わく》組《ぐみ》条約《じょうやく》締約《ていやく》国会議《こくかいぎ》（COP3）が開催《かいさい》され、京都議定書が締結《ていけつ》されたことで環境《かんきょう》技術が注目され始めたころでした。大学院のエネルギー科学研究科もその流れを受けて創設されたばかりでした。高校のころから物理と化学が好きだったのですが、当時注目されていた技術分野だった太陽光発電などの再生可能エネルギーや、資源のリサイクル技術に興味をもちました。大学院では半導体を作る時に排《はい》出《しゅつ》される研磨《けんま》廃液《はいえき》からシリコンカーバイドの研磨材《けんまざい》を分離《ぶんり》して回収する装置《そうち》を作りました。これは工業での実用化をめざしたテーマで、学会には工業系の企業《きぎょう》が多く参加していました」

　こうして興味をもった企業《きぎょう》が川崎重工でした。

「環境《かんきょう》インフラや航空宇宙など、重工業を幅《はば》広《ひろ》く手がける川崎重工はおもしろそうだなと思いました。また、私がいた研究科では文系・理系を超《こ》えた学際的な研究テーマを扱《あつか》っていて、研究室の准教授《じゅんきょうじゅ》の先生がNASDA（現JAXA）の無重力実験にかかわる研究をしているのを間近で見ていたので、航空宇宙分野も気になっていました。そのころは、のちに航空の道に進むとは思っていませんでしたが、こうして今に至ります」

## ボーイングの設計者に提案する

日本で航空エンジニアになって大型旅客機を作るといっても、設計はボーイング社がするわけで、日本のエンジニアはボーイング社から指示された通りに作るだけなのではないか、と思う人もいるかもしれない、と矢野さんは言います。

「しかし実際は、ボーイング787では川崎重工が一部の設計権をもっていますし、ほかのプロジェクトでも設計をはじめ、あらゆる段階で航空機の開発に主体的にかかわることができるんですよ」

矢野さんはシアトル郊外《こうがい》にあるボーイングのオフィスにたびたび出張します。設計時から製造初期には2、3カ月に1度のペースで、設計がもっとも忙《いそが》しい時期は3カ月ずっとボーイングのオフィスにいて、連日ボーイングの設計者と協議していたそうです。

「航空機製造の難しさは、航空機の設計者がどんなに理想的なデザインの航空機を考えても、現実的に工場で製造できなければいけないところにあります。航空機は軽さを追求するので、薄《うす》い素材を使ったり、余計な部分を削《そ》ぎ落《お》としたりして、1グラム単位の減量を積み重ねていきます。しかし、そうすると工場で作る時に破損しやすくなったり、複雑な加工が必要になったりと、作りにくくなってしまいます。設計が完了《かんりょう》してから修正するのは難しいので、新型機をデザインしている最中の設計者に『この部分の設計はこうしておくと作りやすいよ』『こうしておかないと工場で製造できないよ』など提案します。設計者も私に『こういう機体を作りたいのだけど、ここはどうしたらいいか』と意見を求めてくれます。日本にいる時も週に1、2回はボーイングの設計担当者とオンラインで打ち合わせをしています。私の意見がすべて通るわけではありませんが、言葉や文化の違《ちが》いを乗《の》り越《こ》えておたがいが納得できた時には、同じ方向を向いていっしょに航空機を作っていることを実感します」

## ボーイング777Xプロジェクト

矢野さんは2014年から2020年まで、ボーイング777Xの製造プロジェクトに従事しました。777Xとは、既存《きぞん》の777をベースに新しく開発された大型旅客機777－8と777－9のことです。矢野さんはプロジェクトの初期から一貫《いっかん》して胴体《どうたい》の組み立ての工程設計を行いました。

「2014年から担当し、2017年3月に組み立て開始、2018年2月に初号機の出荷でしたから、4年がかりのプロジェクトでした。そのうち、胴体の組み立て開始までの工程設計や製造ライン構築に3年を費やしました。工場の製造ラインが動き出したら、工程を抜本的《ばっぽんてき》に変更《へんこう》するのが難しくなります。製造作業者の安全にもかかわるので、失敗するわけにはいきません。入念に工程設計を進め、実際に製造を行う前には予行練習も行って製造に備えます。また、作業の安全性の向上や製造の品質や効率化のため、ロボットなどの組み立て設備を積極的に活用し、自動で製造を行う部分を777よりも増やしました」

新型機の工程設計には三つのフェーズがあります。

〈フェーズ1　製造準備〉

「新型機の構造のおおまかな設計方針が決まった段階で、どのような部品で機体胴体《どうたい》が構成されるかを予測し、サプライチェーン（材料や部品の流れ）をどうしようか、それをどのように製造すれば〝簡単に、安全に、かつ低コストで〟作れそうか、製造場所はどこが

ボーイング社の設計者と機体の胴体部分について話し合う矢野さん

よさそうか、製造期間はどの程度必要か、などを考え始めるところから、具体的な工程設計が始まります。新型機の設計が固まっていくにつれて工程設計もだんだんと固めていき、製造部品表、作業指示書などの形でまとめていきます」

　この時期はオフィスでのデスクワークが中心で、社内の多くの関連部門と協力して準備を進めます。それとともに、新型機の設計と工程設計の足並《あしな》みをそろえるために、シアトル郊外《こうがい》にあるボーイングのオフィスに出張したり、オンラインで打ち合わせをしたりするそうです。

「川崎重工には戦前から長きにわたる航空機の製造実績があり、これまでに積み上げられたノウハウが会社の技術力として蓄積《ちくせき》されています。しかし、工程設計には〝過去の機種と同様にこうすればいい〃という王道はなく、1度はこれがベストだと思っても、見直すともっといい方法があります。また、航空機を安全に飛ばすための品質ルールが航空機の機種ごとにとても細かく決められており、これを絶対にクリアできる工程設計でなければなりません。このあたりは、入社して仕事をしながら教わり、学んでいきます。絶対に守らなければならない多くの品質ルールに則ったうえで、納期内に、安全に、低コストで製造できるように、自分のアイデアを加えていくのが工程設計者の腕《うで》の見せどころです」

〈フェーズ2　製造ラインの建設〉

「考えた通りの手段や手順で製造するために必要な設備、治工具《じこうぐ》、作業工具などを考え、製造ラインとして作り上げていきます。工場内に新たな製造エリアが必要となれば配置変《へん》更《こう》も行います。777Xでは新しい製造工場を建設して、そこへ製造ラインを設置しました。航空機の製造は多くの手順を踏《ふ》むため、それぞれに必要な設備なども多岐《たき》、多数となり、長いものでは完成までに2年近くを要します。一つでも遅《おく》れたり、思い通りにできていなかったりすれば完成することができません。そのため、設備・治工具《じこうぐ》の担当部門や、国内外の多くのメーカーさんと協力して製造ラインを作っていきます。製品の品質に重要な役割を果たす設備や治工具《じこうぐ》については、ボーイング社といっしょに問題ないことを確認します。加工設備であれば試験をして性能を確認したり、部品の形状を保つ保持具（治工《じこう》具《ぐ》）であれば正しく保持できるかを設計図と完成品で確認したりします。長い期間使い続けても常にこれらの性能が発揮されるよう、

完成したボーイング777X の機体

使用手順や点検項目《こうもく》も細かく決めて、ボーイング社といっしょに確認します」

この設備や治工具《じこうぐ》の設計・製造段階では、打ち合わせや検査のために国内外のメーカーへたびたび出張するそうです。製造ラインの建設が始まると、ボーイング社が確認のために来日して打ち合わせすることも多くなるそうです。

〈フェーズ3　航空機の製造開始以降〉

「工程設計と製造ラインが完成し、必要な部品がそろったら、いよいよ航空機の製造作業が開始されます。はじめて作業する前には、製造担当者といっしょに予行練習を行って、作業手順や用意した設備、治工具《じこうぐ》、作業工具などに問題がないかを確認し、万全な状態で作業を開始します。それでも、作り始めたら思ったより時間がかかってしまった、など作ってはじめてわかる問題点も多いです。しかし、約束《やくそく》した期日に出荷しなければボーイング社での製造作業に迷惑《めいわく》をかけてしまうため、問題をゆっくり解決している時間はありません。そのため、最初のうちは一日中、岐阜工場や名古屋第一工場の製造現場に張りつき、問題があれば速やかに解消します」

ひと通りの製造が無事完成し、ボーイング社へ出荷した後も、工程設計に終わりはないそうです。

「最初の機体を製造する時はもちろん、20〜30機が完成して製造ラインが軌道《きどう》に乗ってからも、〝もっと簡単に、もっと安全に、もっと低コストで〟作れる箇所《かしょ》を探す「工程設計改善」を行います。これが川崎重工の技術力として蓄積《ちくせき》され、つぎの航空機開発へと活かされていきます」

そして川崎重工で作った胴体部分をはじめ、世界各国で分担して作られた機体のコンポーネントはシアトル郊外《こうがい》にあるボーイング社の工場に集められ、最終的に大型旅客機の形に組み立てられます。

「やはりボーイング社の工場で最終的に完成した機体を見た時のうれしさは格別で、大きな充実感《じゅうじつかん》を覚えます」

## 自分で作らないからこそ、安全に配慮《はいりょ》

矢野さんにはいつも心がけていることがあります。

「私たち工程設計者は、自分が製造を行うわけではありません。製造担当者がどうしたら作業しやすくなるか、安全に作業できるかを考えながら、工程を設計していきます。機械や道具のことだけではなく、製造現場で働く

大勢の人のことを考える必要があり、大きな責任をともないます。迷った時には『自分の子どもをこの航空機に乗せたいか、この製造現場で働かせたいか』と自分に問います。そうすると自然と答えが見えてきます」

現在は、航空機の組み立てに用いる新しい生産技術に特化したプロジェクトを立ち上げ、プロジェクトマネージャーとして技術開発を行っています。

「777Xではリベット打ちを自動機で行う部分を増やしたり、穴あけや部品のセットにロボットを使ったりと、当時としては新しい技術に挑戦《ちょうせん》しましたが、もっと高みをめざした生産技術の開発にフォーカスした新体制をつくりました。ポストコロナに向けて、つぎの航空機を〝もっと簡単に、もっと安全に、もっと低コストで〟作るための追求を続けています」

## 新しい分野への興味と挑戦《ちょうせん》

最後に、読者のみなさんへのメッセージをお聞きしました。

「私は大学では資源リサイクルの研究をしていましたし、就職して最初の6年間は環境《かんきょう》プラント部門に所属し、ごみ処理プラントとそこで使う機械の設計をしていました。このように、一貫《いっかん》して航空の道を進んできたわけではありません。でもふり返ってみれば、何ひとつ無駄《むだ》なことはありませんでした。むしろ航空分野以外で得た知識や経験のすべてが今に活きています。やりたいことがまだ定まらないなら、無理に一つのことに絞《しぼ》らなくていいと思います。今、目の前にあることに一生懸命《けんめい》に打《う》ち込《こ》んでみてください」

# 飛行制御の要の部品を作る

ナブテスコ株式会社
堤《つつみ》 駿介《しゅんすけ》さん

## 堤さんの歩んだ道のり

1990年、滋賀《しが》県生まれ。立命館《りつめいかん》大学理工学部機械工学科卒業、同大学大学院理工学研究科機械システム専攻修了《せんこうしゅうりょう》。2015年ナブテスコ入社、航空宇宙カンパニー技術部に配属。入社以来、次世代民間旅客機ボーイング777X搭載《とうさい》の飛行制御《せいぎょ》駆《く》動装置《どうそうち》の設計・開発を担当する。中学・高校では野球部に所属し、部活引退後に猛勉《もうべん》強《きょう》して大学受験を突破《とっぱ》した。

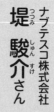

## 機体の姿勢を制御《せいぎょ》するシステム

ナブテスコはモノを「うごかす、とめる。」というモーションコントロール技術で、新幹線のブレーキシステムや自動ドアなど、さまざまなモノを動かし、止める部品を作っています。

堤さんは、航空機器の事業部門で「フライト・コントロール・アクチュエーター」（製品名フライト・コントロール・アクチュエーション・システム。以下、アクチュエーター）と「ＥＨＳＶ」（Electro Hydraulic Servo Valve：電気油圧制御《せいぎょ》バルブ）という部品の設計・開発を担当しています。航空機の主翼《しゅよく》・垂直尾翼《びよく》・水平尾翼《びよく》の縁《ふち》には、エルロン・ラダー・エレベーターなどと呼ばれる、飛行姿勢を制御《せいぎょ》する重要な装置《そうち》があります。

コックピットからの操縦指令が電気信号として伝えられ、この部分が動くことで、空気の流れを切《き》り替《か》えて航空機を安全に離着陸させたり、進行方向を変えたりすることができます。アクチュエーターはまさにそのエルロンなどを動かす飛行制御《せいぎょ》駆動《くどう》装置《そうち》です。たとえば現在開発中の新型旅客機ボーイング７７７Ｘの機体には35個のナブテスコ製のアクチュエーターが付いています。アクチュエーターにはモノを効率的に動かすための「油圧」という仕組みが使われていて、ＥＨＳＶはアクチュエーターに送られる油圧作動油の流れの方向を制御《せいぎょ》するバルブです。

国産機（自衛隊の航空機）に使われているアクチュエーターはすべてナブテスコが製造しています。海外ではボーイング社の民間航空機にも幅広《はばひろ》く採用されていて、堤さんはその理由について、「航空機部品の製造を任せてもらえるかは、これまでの安定した製造品質などの実績が問われます。特にアクチュエーターは、その動作が飛行の安全に直接かかわる部品なので、きわめて高い信頼性《しんらいせい》が求められます。ナブテスコが国内市場シェア100%なのは、1970年代からずっと信頼性が高いものを機体メーカーに納品してきた実績があります。この確かな技術力があることが、私がナブテスコに就職した理由のひとつです」と話します。

## 動くモノを作りたい

堤さんはどのような経緯《けいい》で航空エンジニアをめざしたのでしょうか。

「小さいころから、自分でモノを作るのが好きでした。父がもっていたラジコンカーのなかの歯車を見るのが楽しく、自分でもラジコンを買って組み立てていました。大学の機械工学科に進み、大学2年生ごろまでは漠然《ばくぜん》と自動車関連のメーカーで働きたいと思っていました」

転機は大学3年生の時に、客員教授の中村《なかむら》洋明《ひろあき》さんの特別講義を受けたことでした。

「中村先生は住友精密工業《すみともせいみつこうぎょう》の元エンジニアで、航空機部品の製造にかかわっていた方です。航空機の歴史や変遷《へんせん》、航空機の基本構造・機能・理論、民生技術との連携《れんけい》や航空宇宙産業の展望などのお話をしてくださいました。実際のお話を聞いて、技術の面でもビジネスの面でも航空機産業はおもしろそうだと思い、航空宇宙関連のエンジニアになりたいと方向性が固まりました」

数ある航空機関連の企業《きぎょう》のなかでも、堤さ

んがナブテスコを選んだのはなぜだったのでしょうか。

「技術力の高い企業《きぎょう》がいいと思ったのですが、それは大手に限らずたくさんあるので、どこに就職しようか迷いました。そのなかでナブテスコがいいなと思った理由は、機体の翼《つばさ》や胴体《どうたい》よりも〝動かせるモノ〟を設計したいと思ったこと、アクチュエーターの国内シェア100%の実力のある企業《きぎょう》だということ、そして国内だけでなく、世界最大手の航空機メーカーであるボーイング社の機体にも製品の搭載《とうさい》実績があり、グローバルに活躍《かつやく》できる環《かん》境《きょう》であると思ったことでした。設計を担当できる幅《はば》が広いと会社説明会で聞いたことも理由のひとつです。自分の軸《じく》として、何をやりたい（たとえば航空機の動く部分をやりたい）、こういうふうに仕事をしたい（自分の判断で挑戦《ちょうせん》できる範囲《はんい》が広い仕事がしたい、など）という考えをもっておくといいと思います」

## 3、4年かけて部品を開発する

堤さんはアクチュエーターやEHSVの「性能解析《かいせき》」を行っています。性能解析《かいせき》とは、部品を設計する時に、コンピューター上で部品を模擬的《もぎてき》につくり、計算・解析《かいせき》を行って、性能を確認・調整することです。

新しい機体向けに部品を開発するプロジェクトのおおまかな流れは、ボーイング社が「こういうものが欲しい」と提示→ボーイング社へ提案→受注→基本設計→設計審査《しんさ》（PDR）→詳細《しょうさい》設計→設計審査《しんさ》（CDR）→認証試験→報告書作成→認証取得→量産開始で、全部で3、4年かかります。堤さんは基本設計から量産開始までと、量産後の設計改善対応を担当しています。

「特にアクチュエーターの出力、作動速度、応答性などの性能を解析《かいせき》し、設計へフィードバックする性能解析《かいせき》業務を担当しています。部品の設計・開発は、昔《むかし》は実物を作ってから調整していましたが、今は実物を作る前にコンピューター上でやるわけです。ただし、実物を作ってみないとわからないこともたくさんあります」

たとえば、解析《かいせき》や設計審査《しんさ》ではわからなかったのですが、認証試験に進んで、７７７Ｘのアクチュエーターの高温試験をしてみたら、なぜかキーンと音が出てしまうことがあったそうです。

「部品のどれかが共振《きょうしん》しているからなのですが、音はしますが目には見えない現象なので、どこに原因あるのかすぐにはわかりません。図面を見て一つひとつ確認していきました。共振《きょうしん》は部品が壊《こわ》れる原因になるので、原因を突《つ》き止めて改修する必要があります。いったんは要因を突《つ》き止められたと考え、その部分の設計変更《へんこう》まで実施《じっし》しましたが、それは根本の原因ではなく、また再発しました」

最終的にこの問題を解決するまで2年近くを費やしたそうです。

「自分が解析《かいせき》して予測した通りの試験結果が得られればうれしいですが、試験をしてみたら予期しなかった事象が起こったり、思い通りにいかなかったりする場合も多々あります。ボーイング社が実施《じっし》する飛行試験までに、アクチュエーターの認証試験を完了《かんりょう》させる必要があるので、それまでに対応しなければいけません」

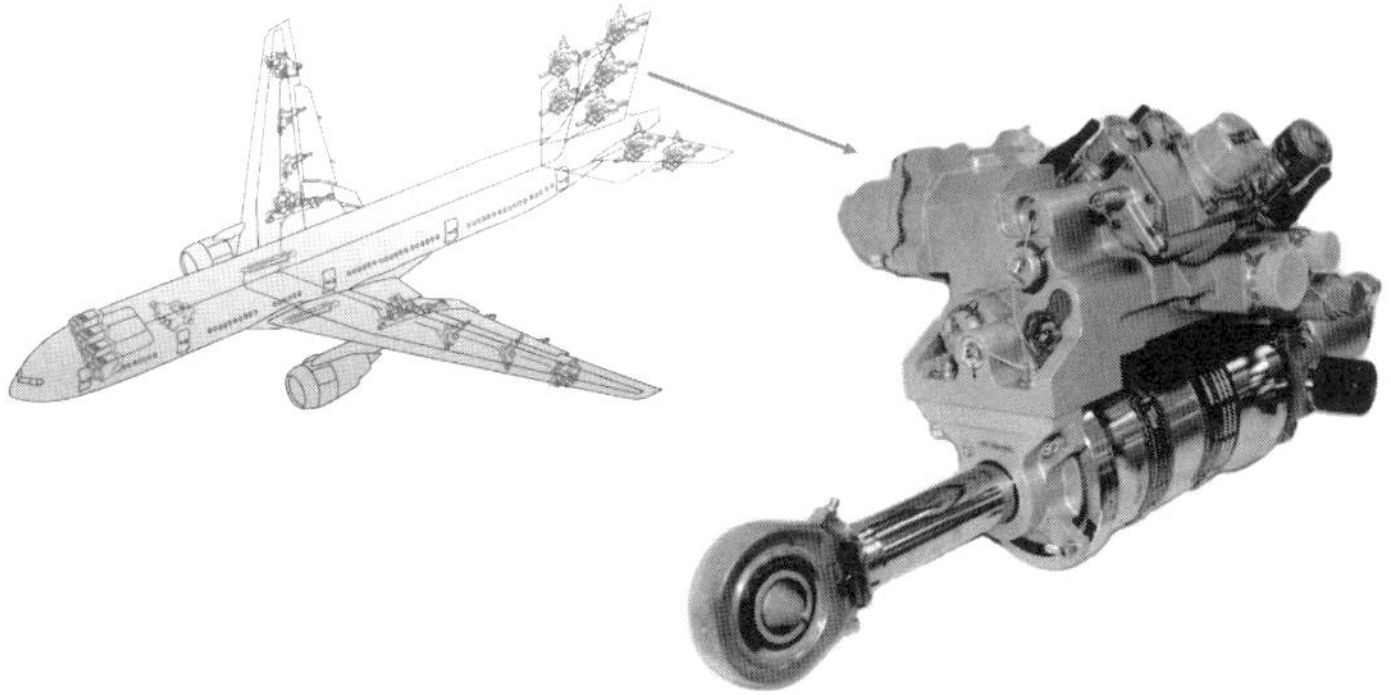

フライト・コントロール・アクチュエーター。油圧でピストンロッドを伸び縮みさせることで、エルロン、ラダー、エレベーターなどを動かす。
画像・ナブテスコ提供

## 部品設計の数々のステップ

設計審査《しんさ》では、ボーイング社のエンジニアに向けて、自分たちが行った設計や解析《かいせき》結果について英語で説明します。この時、設計や解析《かいせき》結果、認証試験項目《こうもく》、試験スケジュールなどが詳細《しょうさい》に審査《しんさ》されます。

「入社して約１年間の現場実習などを経て、技術部に配属されました。その４カ月後ぐらいに、７７７Ｘの詳細《しょうさい》設計審査《しんさ》が実施《じっし》されました。ボーイング社の各部門のエキスパートがナブテスコに来て、アクチュエーターの強度、性能、図面などの審査《しんさ》をしました。設計審査《しんさ》を通過できるように一丸となって対応する先輩《せんぱい》や上司の姿を見て、自分も将来、ボーイング社のエンジニアと対等に議論してグローバルに活躍《かつやく》できるエンジニアになろうと思いました。今、自分がその立場になりましたが、思《おも》い描《えが》いていた姿には英語力や技術力の面でまだ追いつけていないので、さらに自分自身を成長させたいと感じています」

## 一日の流れ、認証試験の時期

堤さんのふだんの一日はどのような流れなのでしょうか。

「出社後、8時10分からみんなでラジオ体操をします。午前中はメールのチェックや不具合対応をします。設計部門のオフィスは建物の3階にあり、1階の加工工場や組み立て工場から呼ばれるとすぐに現場に行きます。午後は性能解析《かいせき》業務を行ったり、設計計算書や試験の報告書を作成したりします。納期が迫《せま》っている時は残業もありますが、通常は定時の16時45分に退社します」

耐久《たいきゅう》試験、振動《しんどう》試験、高低温試験、衝撃《しょうげき》試験などの数々の試験を行う認証試験の時期は、丸一日その対応をします。試験がない日も技術的な検討をしていることがほとんどだそうです。

「アクチュエーターには、設計要求、試験要求、材料要求など、こんなにたくさんの要求項目《こうもく》（満たさなければいけない基準）があるのかと、働いてはじめて知りました。これは機体の安全設計のために、過去の実績や不具合経験に基づいてつくられてきたものです。すべての航空機に共通な公共規格に加え、ボーイング社が定めた規格もたくさんあります。英語で書かれた資料を読み解きながら、規格に合い、設計要求を満たすように設計します。また、アクチュエーターは機体の姿勢制御《せいぎょ》するために伸びたり縮んだりする性能面での設

設計資料や報告書など膨大な量の資料を作成するという堤さん

計だけではなくて、いろいろな安全設計がされており、部品一つひとつに安全面での意図があるということも、設計を担当してはじめてわかりました。常に最悪のリスクを想定して技術検討をし、最悪の事態でも機体の安全性に影響《えいきょう》がないことを保証します。新規設計だけでなく量産化した後も、機体運用上の改良点や、製造時の改善点の対応なども行います。これらの対応中にも、技術的な面での気付きがあります」

たくさんの要求を満たすことも、英語の資料を読むことも大変ですが、ほかに隠《かく》れた苦労があるそうです。

「設計資料や報告書など、膨大《ぼうだい》な量の資料を作成します。報告書は何百ページにもなります。認証を取得するには必要なので仕方ないのですが、それが結構大変です」

## これでだいじょうぶであることを証明する

堤さんに「そもそもエンジニアとは何だと思いますか?」と尋《たず》ねると、「エンジニアは、製品が強度的に問題ないことや、性能要求を満足することを〝証明する人〟だ」という答えが返ってきました。

堤さんは、入社して3年目のころ、性能解《かい》析《せき》の結果を上司に報告した時に、「解析《かいせき》結果をそのまま述べるだけではなく、エンジニアとしての自分の見解を述べろ」と先輩《せんぱい》から言われたことが心に残っているそうです。

「私はその時、単に解析《かいせき》結果を示して『数値がこうなので、これで問題ありません』というような報告をしたのでした。そうではなく、解析《かいせき》をする前に、まず結果を自分の知識と経験で予測する。その後、得られた結果と解析《かいせき》結果を検証し、技術者としての自分の見解と結論をまとめて報告する。解析《かいせき》結果からわかったことは理論的に説明し、わからなかったことは何がわからなくて自分はどのように推測するのか、と見解を述べる。エンジニアとしてどうあるべきかと気付かされた瞬間《しゅんかん》でした。それ以降、何ごとに対しても結果のみを報告するのではなく、その根拠《こんきょ》や自分の考えを伝えるようにしています」

## 誠実さが大事

それに加えて、エンジニアには誠実さや勤勉さも大事だそうです。

「海外の競合他社との商戦を勝ち取って、受注につなげることが第一歩なので、顧客《こきゃく》である機体メーカーとの信頼《しんらい》関係が大切です。満足していただける製品を作るのはもちろんのこと、設計・開発期間には顧客《こきゃく》とのやりとりが長く続くため、『またいっしょに仕事がしたい』と思っていただけることがつぎの仕事につながります。新たな価値を提供するためには、常に勉強することが大事です。学問的な勉強だけでなく、ナブテスコが積み上げてきた設計技術のノウハウや、世の中の動向、新しい技術などに常にアンテナを張って、知識を蓄《たくわ》えておく必要があります」

　失敗や苦労もありますが、堤さんは「航空エンジニアとして航空機開発の一端《いったん》を担っているというのはうれしく、やりがいがある」と語ります。

「７７７Ｘのアクチュエーターの認証試験が完了《かんりょう》して、アクチュエーターをシアトルのボーイング社の工場に送り出し、初飛行試験で特に大きな問題がなく地上に帰ってきた映像を見た時や、そのあとボーイング社のエンジニアチームから『ナブテスコの迅速《じんそく》で誠実な対応によって、大幅《おおはば》な認証遅延《ちえん》などもなく、プロジェクトを完了《かんりょう》させることができた』と感謝の言葉をいただけた時はほんとうにうれしかったです」

　最後に読者のみなさんへのメッセージをお聞きしました。

「コロナ禍《か》の外出制限を経て『どこかに行きたい、実際に肌《はだ》で感じてみたい』という人間の根源的な欲望は、ＩＴが発達した世の中でもなくならない、と感じました。この欲望がある以上、航空機は常に必要とされていて、航空宇宙産業はまだまだ成長産業の一つであると考えています。これからの航空宇宙産業をいっしょに、もっともっと成長させていきましょう！」

# ロケットの〝最適な形〟を考える構造設計者

三菱重工業《みつびしじゅうこうぎょう》株式会社
森《もり》井《い》翔《しょう》太《た》さん

**森井さんの歩んだ道のり**

１９８８年、三重《みえ》県生まれ。東京《とうきょう》工業大学第４類（現工学院）入学、機械宇宙学科に進学。同大学大学院機械宇宙システム専攻《せんこう》修了《しゅうりょう》。２０１３年三菱重工業入社。以来、構造設計課でＨ－２Ａ・Ｈ３ロケットの構造設計全般《ぜんぱん》を担当。はじめてたずさわった打ち上げは２０１４年のＨ－２Ａ23号機。同年10月にはＨ－２Ａ25号機での気象衛星「ひまわり８号」の打ち上げライブ中継《ちゅうけい》のＭＣを務めた。

## H3ロケットの構造設計を担当

いよいよ日本の新しい基幹ロケットである「H3ロケット」の運用が始まりました。森井さんはH3ロケットの第2段機体の構造設計を担当しています。H3ロケットは、メインエンジンや固体燃料ブースターがある第1段機体と、衛星を最終目的地まで運ぶ2段機体からできており、最上部には打ち上げ時に衛星を保護するための衛星フェアリングがあります。

「構造設計とは、簡単にいえばロケットの〝最適な形〟を考えることです。200トン以上あるロケットを、速度ゼロの状態から最大マッハ7付近まで一気に加速するために、ロケットには最大5Gもの力がかかります。打ち上げ時のエンジンやブースターの燃焼や飛行中の突風《とっぷう》によっても、ロケットは激《はげ》しい振動《しんどう》や音響《おんきょう》にさらされます。一方で、ロケットで打ち上げられる重さは決まっているので、できる限り軽く設計しなければなりません」

このように、極限環境下《かんきょうか》でも壊《こわ》れることなく宇宙に行けて、かつ可能な限り軽くなるよう、バランスが取れた構造を考えるのが、ロケットの構造設計です。

ロケットの内部には大小さまざまな部品がみっしりと詰《つ》まっています。ロケットを動かす制御《せいぎょ》システムもとても複雑です。

「外からは見えないロケットの中身のことも考えながら、全体の構造を設計します。構造設計者にはロケット全体を見渡《みわた》して、さまざまな系を取りまとめる役割もあります」

航空宇宙工学には構造設計のほかにも、ロケットの推進力を生むエンジンや燃料を研究・開発する「推進系」、宇宙機の動きや姿勢をコントロールする「制御系《せいぎょけい》」などさまざまな分野があります。そのなかで、森井さんは構造設計を選んだ理由を「構造設計はロケットの全体像を把握《はあく》できるのがおもしろいと思いました。ソフトウエアよりもぱっと目で見てわかるハードウエアを作りたい、自分の手でカタチをデザインして作りたいという思いもありました。また、機械工学で学ぶ力学には、材料力学・流体力学・熱力学・機械力学のいわゆる〝4力〟があります。4力の知識をダイレクトに活かせるのも構造設計だったからです」と話します。

## 望遠鏡のレンズの向こうに

森井さんは三重県伊賀《いが》市で育ちました。小学校5年生の時、学校の授業ではじめて天体望遠鏡で月を見たことをきっかけに、宇宙に興味をもったそうです。望遠鏡のレンズの向こうに自分の知らない世界があることを子どもながらに実感し、宇宙とは何か、もっと知りたいと思うようになった、と森井さんは言います。

「宇宙の端《はし》はどうなっているのだろうか、どうやって宇宙は生まれたのだろうか、地球のような星はほかにもあるのだろうかと、宇宙に関するたくさんの疑問を考え出すと眠《ねむ》れなかったのを覚えています。高校で進路を決めるさいには、理学系に行くか、工学系に行くか迷いましたが、〝宇宙への移動手段〟について学んだり開発したりできる工学系に進みました」

森井さんは東京工業大学に入学後、機械宇宙学科に進学しました。キューブサットなどの超小型《ちょうこがた》人工衛星を開発する松永三郎《まつながさぶろう》教授の研究室に入り、熱構造系として新しい衛星の設計から組み立てまでを行いました。修士2年の時には衛星開発のプロジェクトマネージャーを担当しました。ガンマ線バーストという天文現象を観測する「ＴＳＵＢＡＭＥ」という衛星です。

衛星は海外のロケットで打ち上げる計画だったので、ロケットと衛星が正常に結合できるか確認するため、ウクライナにあるロケット製造工場に何度か出張しました。

「この衛星は私が大学院を修了《しゅうりょう》してから1年後に打ち上げられました。この時に宇宙機開発のプロジェクトの流れがわかり、開発作業は意外と地道だということを知ることができた経験が、今の仕事に活きています」

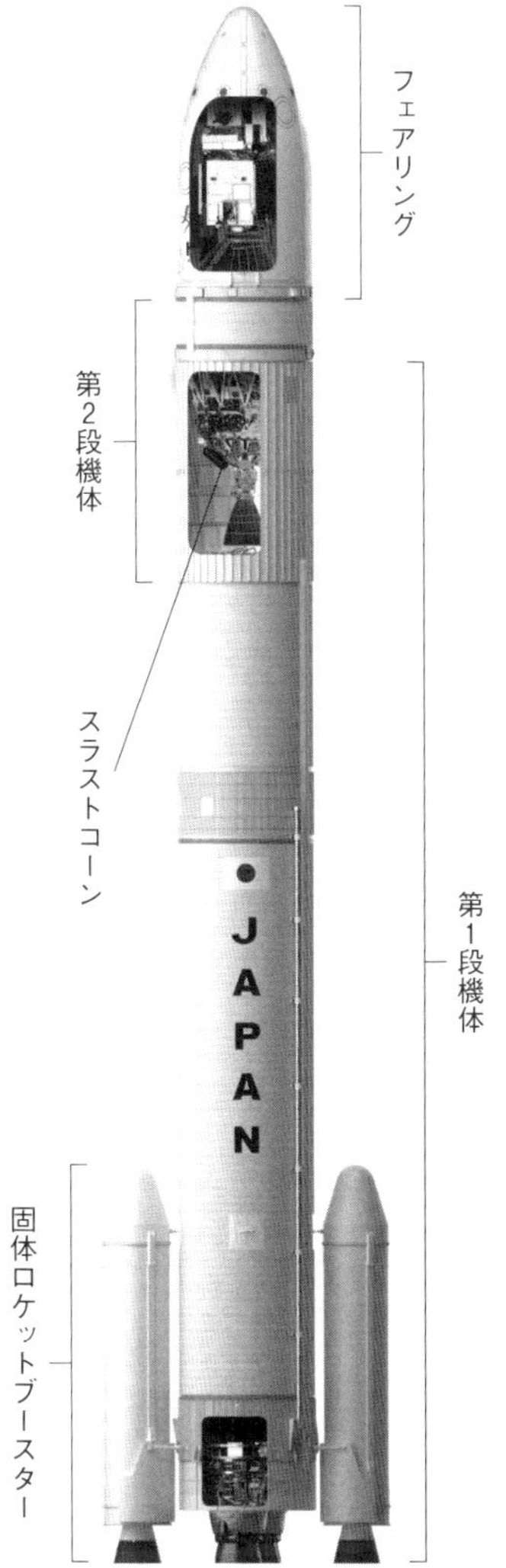


H3ロケットの構造　JAXA提供

## スラストコーンの構造設計を担当

森井さんが所属するH3ロケット第2段機体の構造設計チームでは、5人のメンバーで第2段機体各部の構造設計を分担しています。

「第2段機体は、およそ10個の構造部位から構成されています。H3で私が最初に担当したのは、第2段エンジンの付け根にあるスラストコーンという構造の設計でした」

スラストコーンは、エンジンが発生する力を2段機体全体に伝える重要な部位で、H3ロケットから新たに搭載《とうさい》される構造体です。ロケットを制御《せいぎょ》する電子機器や推進系機器もたくさん搭載《とうさい》されているそうです。

「徐々《じょじょ》にほかの部分も任され、気付けば燃料タンク以外のほとんどすべての箇所《かしょ》にかかわっていました。入社前に思っていたよりも一人ひとりの担当範囲《はんい》が広く、こんなことまでやらせてもらえるのかと驚《おどろ》きました」と森井さんは言います。

また、自分が考えて設計した部品が実際に製造されて目に見える形になると、ロケットを設計していることを実感できるそうです。

そんな森井さんの一日はどんなようすなのでしょうか。

「ふだんの勤務場所は名古屋の大江《おおえ》工場です。種子島《たねがしま》のロケット射場や部品を作っているスペインの企業《きぎょう》に出張することもあります。8時に出社して、まずメールをチェックします。社内・社外から一日200件近くのメールが送られてきます」

その後、技術資料の作成、社内の関連部署との打ち合わせ、技術関連のリサーチを行います。ときどき、大江工場の近くにある飛島《とびしま》工場に行って、第2段機体の組み立てが行われているようすを確認したり、現場の担当者と協議したりするそうです。

「現場立ち合いの日以外は一日中パソコンに向かっていることが多いです。終業時刻は17時で、現在は週の半分はリモートワークです」

部品を設計する時には、まずは電卓《でんたく》をはじいてだいたいのデザインを決めた後、必要に応じて有限要素法という解析《かいせき》手法を使った詳《しょう》細《さい》確認を行います。そのようにして検討した部品を3次元モデル化し、モノづくりのための設計図面に落《お》とし込《こ》みます。工場にいる製造担当者はそれを見ながら部品を作り、組み立てます。

## どこまでリスクを想定できるか

「設計者として苦労するのは、私が作成した設計図面と完成した現物に違《ちが》いがある時です。たとえば設計よりも部品の板厚が薄《うす》くできてしまうことがあります。ロケットは部品の数が膨大《ぼうだい》で、それぞれが精密機器で、かつ軽量化する必要もあり、極限まで突《つ》き詰《つ》めた設計を行っているため、完璧《かんぺき》に設計通りに作ることは難しいのです。わずかな差なら、作り直さずにこのまま使用してもだいじょうぶかもしれません。しかし、わずかな差でも、強度が不足してしまっているかもしれません。現場の製造担当者と協議し、設計としてこれでほんとうに自信をもって飛ばせるのかと何度も自問自答します」

ロケットの打ち上げはひとつの判断ミスが

命取りになります。打ち上げ前にどこまでリスクを想定できるかがいちばん頭を使うところであり、同時に設計者としての腕《うで》の見せどころ、と森井さんは言います。

特に印象に残っているのは２０１４年12月の小惑星《しょうわくせい》探査機「はやぶさ2」の打ち上げだそうです。

「フェアリングの中の衛星分離部《ぶんりぶ》の下に、私が入社してはじめて設計を担当した振動抑制《しんどうよくせい》装置《そうち》（ダイナミックダンパー）が搭載《とうさい》されていました。はやぶさ2は従来打ち上げてきた衛星と比べてとても軽く、打ち上げ中の振動《しんどう》が大きくなることが予想されたので、振動《しんどう》を低減するために開発したものです」

ダイナミックダンパーは東京スカイツリー®などの建物にも使われている技術ですが、ロケットに搭載《とうさい》されたのははじめてだったそうです。

「打ち上げは成功し、振動《しんどう》も設計通り抑《おさ》えられました。はやぶさ2のミッションの成功に貢献《こうけん》できたことがとてもうれしかったです」

## 華《はな》やかな打ち上げの前に地道な作業

森井さんはハードウェアの設計と並行《へいこう》して、荷重解析《かいせき》（打ち上げ時にロケットの各部分にかかる力を計算すること）も担当しています。専用の解析《かいせき》ツールを用いたり、風洞《ふうどう》試験を実施《し》したりして、打ち上げ中にロケットに働く力を予測し、設計荷重を決めていきます。荷重が足りないと打ち上げ中に壊《こわ》れるかもしれませんが、逆に荷重が大きすぎると、それに耐《た》えるための構造は重くなってしまいます。ロケット全体のバランスを考えながら、慎《しん》重《ちょう》に設定しなければなりません。そうして決

森井さんは現場立ち会い以外は一日中パソコンに向かっていることが多い

めた設計荷重条件をもとに、ようやくロケット全体の構造設計や解析《かいせき》モデルづくりがスタートします。

ただし、コンピュータ上でつくったモデルはあくまでも予測なので、設計した構造がほんとうに設計荷重に耐《た》えることができるか、試験で確認することも多いそうです。その場合は、ロケットの部分試験モデルを製作し、実際《じっさい》に力をかけて、事前予測と比較《ひかく》します。試験と予測が合っていない場合は、打ち上げ時に壊《こわ》れるかもしれないので、試験データと合うようにモデルを改良する必要があります。

「いちばん大変だったのは、主担当として設計したスラストコーンの強度剛性《ごうせい》試験でした。1カ月ほど試験を行ったのですが、当初、試験結果と私がつくった解析《かいせき》モデルが合いませんでした。解析《かいせき》モデルは大量の部品が組み合わさって非常に複雑にできているので、どの部分の計算が間違《まちが》っているのか簡単にはわかりません」。森井さんは試験結果とモデルを照らし合わせて、ここは間違《まちが》っていない、と一つひとつしらみつぶしに確認していく作業を行いました。

どんどん時間に余裕《よゆう》がなくなっていくので、焦《あせ》りながら夜遅《おそ》くまで必死で原因究明を行いました。「原因は、多数ある部品結合部のうち、一部の部材間を流れる荷重の伝わり方が、解析《かいせき》モデルと実物で異なっていたことでした。モデルを修正してどうにか無事に試験を終えることができましたが、現実の物理事象と真《しん》摯《し》に向きあうことの難しさを痛感しました」

ロケットの設計をしているというと華々《はなばな》しく聞こえますが、実際にはこうした地道な仕事も多いそうです。

「打ち上げは年に数回しか行われないので、それ以外の仕事のほうがずっと多いです。地道な努力を続けられる忍耐力《にんたいりょく》や、ふだんの仕事の積み重ねが大事です」

それから、いっしょに働く人たちとの信頼《しんらい》関係を築くことも大事だと思います。設計は各人で行いますが、ロケットは大きなシステムであり、最終的には他社やＪＡＸＡの方もいっしょに大勢で仕事をするからです。

「まわりから信頼《しんらい》を置かれているエンジニアの発言には重みがあり、会議の場でも説得力がまったく違《ちが》います。そのような信頼《しんらい》関係を得るためには、決められた期限を守るなど、ふだんからあたりまえのことをおろそかにしないように心がけています」

とはいえ、いちばんやりがいを感じるのは、何といってもロケットの打ち上げが成功した時だそうです。

「実は打ち上げを直接見たのは、中継《ちゅうけい》のMCを務めた時の1回だけです。打ち上げ時はいつも種子島管制塔《かんせいとう》の地下にある管制室でモニターを見ています。それでもリフトオフの瞬《しゅん》間《かん》、荷重最大ポイントの通過、分離《ぶんり》の瞬間など、自分が設計した部分の動作が成功した時の達成感は格別です」

## 技術に幅《はば》広《ひろ》く興味をもって

ご自身が学生の時に充実《じゅうじつ》した研究生活を送った森井さん。学生のあいだには「技術に幅《はば》広《ひろ》く興味をもってほしい」とアドバイスをくださいました。

「宇宙分野は移り変わりが激《はげ》しく、常に情勢が変化しています。どんな技術がこれから宇宙開発に活用されるかわかりません。働き始めると目の前の仕事に集中しないといけなくなるので、時間がある学生のうちに、宇宙工学に限らず世の中の新しい技術に対してアンテナを張り、浅くでもいいので広く知っておくとよいと思います。ほかの研究室をのぞいて、話を聞きにいってみるのもいいですね」

民間の宇宙開発も猛烈《もうれつ》な勢いで進む今、この業界では、柔軟《じゅうなん》な発想力とスピード感のある実行力をもった人材がこれまで以上に求められています。「存分に自分の力を発揮できる環境《かんきょう》が用意されているので、『われこそは！』と思う人はぜひ積極的にチャレンジしてみてください」。

ドキュメント 4 宇宙ステーション補給機のエンジニア

# ロボット工学で宇宙開発の未来を切り拓く

宇宙航空研究開発機構《うちゅうこうくうけんきゅうかいはつきこう》（JAXA）
梶《かじ》原《わら》良《りょう》介《すけ》さん

JAXA提供

## 梶原さんの歩んだ道のり

1988年、神奈川《かながわ》県生まれ。東京工業高等専門学校機械工学科卒業。電気通信大学へ編入、東京大学大学院工学系研究科電気系工学専攻《せんこう》修了《しゅうりょう》。2013年JAXA入社。宇宙船技術センター（当時）で国際宇宙ステーション補給機「こうのとり（HTV）」の運用や新型のHTV-Xの開発などを担当。現在は自動ドッキング技術実証プロジェクトチーム所属。専門は機械工学・ロボティクス・誘導《ゆうどう》制御《せいぎょ》。

## 自分が作ったものを宇宙に送る

国際宇宙ステーション（ＩＳＳ＊）に滞在《たいざい》する宇宙飛行士たちは、日々の食料や実験に使うものなどを必要とします。そのため、地上からＩＳＳに物資を送る宇宙ステーション補給機が定期的に送られます。日本の補給機「こうのとり（ＨＴＶ＊）」は、２００９年の技術実証機（初号機）から、２０２０年の９号機までが打ち上げられました。現在は、「こうのとり」を改良した新型の「ＨＴＶ－Ｘ」が開発されています。これまではＩＳＳの近くまで来た「こうのとり」を、ＩＳＳにいる宇宙飛行士がロボットアームでキャッチしてＩＳＳに結合（バーシング）させていました。ＨＴＶ－ＸではＩＳＳへの自動ドッキングもできるようにする機構の開発を進めており、ＨＴＶ－Ｘ２号機に搭載《とうさい》される予定です。梶原さんはそのドッキング機構を動かすためのコントローラーの開発を担当しています。このコントローラーはドッキング機構を上手に動かして、優しくＩＳＳにドッキングできるようにする役割を担っていて、電気電子回路とコンピュータープログラムから成り立っています。

「アメリカやロシアの補給機もありますが、日本の補給機の技術は世界でもトップクラスです。ＨＴＶ－Ｘにかかわる人みんなで力を合わせて作って運用するというのが日本の強みだと思います。そのなかでも自動ドッキング機構という新しい部分を任され、自分の力で大きなプロジェクトを進めていくという責任の重みを感じるとともに、初号機の打ち上げと、ドッキング機構の実証がとても楽しみ

＊ISS：International Space Station
＊HTV：H-II Transfer Vehicle

です」

## 「宇宙×ロボット」に興味をもつ

ＪＡＸＡのエンジニアである梶原さんの原点にあるのは、「宇宙×ロボット」という視点です。

「8歳《さい》のころから科学に興味があり、図鑑《ずかん》や科学のマンガ、購読《こうどく》していた『学研の科学』などの本をよく読んでいました。ロケットの歴史やロボットに興味をもち、特に宇宙や災害の現場などの生身の人間が行けない極限環《かん》境《きょう》で活躍《かつやく》するロボットをすごいなと思いました」

極限環境《かんきょう》、特に宇宙で働くロボットを作るという夢《ゆめ》をもった梶原さんは、中学卒業後に5年間、機械工学の勉強ができる東京工業高等専門学校に進路を決めます。

高専在学中は、課外活動で「東京高専ロボコンゼミ」に所属し、1年生から5年生までずっとロボットコンテストに熱中していました。梶原さんは、機械工学科のみならず電子工学科、情報工学科などから集まったメンバーたちと協力し、自分たちで作ったロボットを動かして競う「アイデア対決・全国高等専門学校ロボットコンテスト」に出場し、2005年には「縦高無尽《じゆうこうむじん》」というロボットで、関東甲信越《かんとうこうしんえつ》予選を勝《か》ち抜《ぬ》き、25校が出場する全国大会で準優勝した経験もあるそうです。

ひと口に「ロボットを作る」といっても、ロボットの骨格である本体（ハードウェア）を作ることと、頭脳であるコンピュータープログラム（ソフトウェア）や、コンピュータープログラムからの指示を本体に伝えるコントローラー（電気電子回路）を作り、これら

高専在学中にロボットコンテストの全国大会で準優勝した経験もある　JAXA提供

をひとつにまとめ上げることが必要です。これはロケットや衛星などの宇宙機を作る時も同様で、どれか一つでもうまくいかないと全体に影響《えいきょう》が出てしまいます。1チームのメンバーは8人で、梶原さんは主に本体（ハードウェア）を担当しました。

## チーム全員で力を合わせ試行錯誤《さくご》

「ロボット本体を作るためには工作機械を使って材料を切ったり、ドリルで穴をあけたりする必要があり、高専にある工場にこもって毎日工作機械を動かしていました。機械加工が終わった後は、ネジとナットを使って材料を組み立てて、ロボット本体を作り上げました」

その間に、コントローラー担当のメンバーは回路を作り、コンピュータープログラム担当のメンバーはロボットを動かすためのソフトウェアをプログラミングします。

そして、本体担当の梶原さんは、できあがったロボットを、コントローラー担当やコンピュータープログラム担当のメンバーといっしょに試しに動かします。

「最初はうまく動かないことがほとんどです。ロボットの問題点を洗い出して、つぎのロボットをどのように作るかを全員で考えて、また機械加工や回路作成、プログラミングをして組み上げていくという流れを大会本番まで何回もくり返していました。一からロボットを作ることがこんなにも難しいことはロボットコンテストに出場してはじめて知りました。また、一人ではなく、チーム全員で同じ方向を向いてロボットを作り上げる大変さも知りました」

この経験が今のプロジェクトを運営する仕事にもつながっています。

高専卒業後は、ロボットと宇宙を両方学べる大学を探し、いくつか編入学試験を受験したなかで合格した電気通信大学に3年次編入しました。大学院の修士課程では、ロボットの制御《せいぎょ》工学の知識を活かし、宇宙探査ロボットの研究ができる東京大学大学院の研究室を選んで進学し、月着陸機の姿勢制御《せいぎょ》のシミュレーションの研究を行いました。宇宙事業を行う重工業系の企業《きぎょう》への就職や博士《はくし》課程への進学も考えましたが、「最先端《さいせんたん》の宇宙開発を先導し、ロボットを使った新しい宇宙探査を実現するためにはＪＡＸＡに行くしかない」と思い、ＪＡＸＡへの就職を決めました。

## 「こうのとり」の運用と宇宙の実感

ＪＡＸＡのエンジニアの仕事は多岐《たき》にわたりますが、大きく分けると、宇宙機の運用、プロジェクトの運営、宇宙機の開発にかかわる企業《きぎょう》との調整、そして機器の製作を行います。

梶原さんが最初に担当したのは、宇宙ステーション補給機「こうのとり」の頭脳となるソフトウェアの管理と、「こうのとり」５号機の運用でした。運用担当者は、「こうのとり」を地上から打ち上げてＩＳＳへ届けるまで、そして任務を終えた「こうのとり」をＩＳＳから切り離《はな》して大気圏《たいきけん》に再突入《とつにゅう》するまでを、ＩＳＳの宇宙飛行士やＮＡＳＡの運用担当者と連携《れんけい》しながら行います。

運用は24時間体制なので夜勤もあります。

「明け方に退勤して外に出て星を見た時、今日も無事に運用できたなと感じ、夢《ゆめ》ではなく、ほんとうに自分が宇宙にかかわっているなと実感しました」。こういう瞬間《しゅんかん》が、この仕事をしているとたびたび訪れると梶原さんは言います。はじめて種子島宇宙センターの運用局で、ロケットの打ち上げに立ち会った時も感動したそうです。

「私は打ち上げが正常に行われているかを確認するためにモニターを監視《かんし》していて直接ロケットを見てはいないのですが、窓ガラスが振動《しんどう》し、轟音《ごうおん》が聞こえてきました」

このように宇宙に直接かかわっている実感が得られるのはＪＡＸＡの職員ならでは、といえるでしょう。

## 企業《きぎょう》や海外との調整

　ＪＡＸＡのロケットや衛星の本体、それに搭載《とうさい》される機器などを実際に製造しているのはほとんど重工業や電気系の企業《きぎょう》です。ＪＡＸＡのエンジニアはプロジェクトを運営していくなかで、「こういうものを作ってほしい」と依頼《いらい》する書類（仕様書）をつくって企業《きぎょう》に発注したり、作ってもらったものを見て「もっとこうできたらいいのではないか」と相談したりするなど、仕様書の内容や機器の作り方、スケジュールなどを複数の企業《きぎょう》と調整します。

　梶原さんは現在、ＨＴＶ－Ｘに搭載《とうさい》予定のドッキング機構を企業《きぎょう》の製造担当者といっしょに開発しています。まずドッキング機構の製造を担当する企業《きぎょう》と定期的にやりとりをして、仕様書にあったものが作れているか、機器の作り方で困りごとはないかを確認します。

　つぎに、ＨＴＶ－Ｘ本体の製造を担当している企業《きぎょう》にそれで問題がないか確認します。問題があれば仕様書に反映したり、ドッキング機構の製造を担当する企業《きぎょう》と協議して作り方を変えたりします。この一連の流れを経て、ＨＴＶ－Ｘに搭載《とうさい》されるドッキング機構ができ上がっていきます。

　そのほかにも、ＨＴＶ－Ｘの機器がＩＳＳとちゃんとドッキングできるようになっているか、ドッキング機構がＩＳＳにいる宇宙飛行士に危害を与《あた》えないような作りになっているかなどを、ＮＡＳＡと確認したりします。

「企業《きぎょう》に要求して作ってもらって終わり、ではありません。最初は思ったように動かないこともあります。どこをどう変えればつぎは

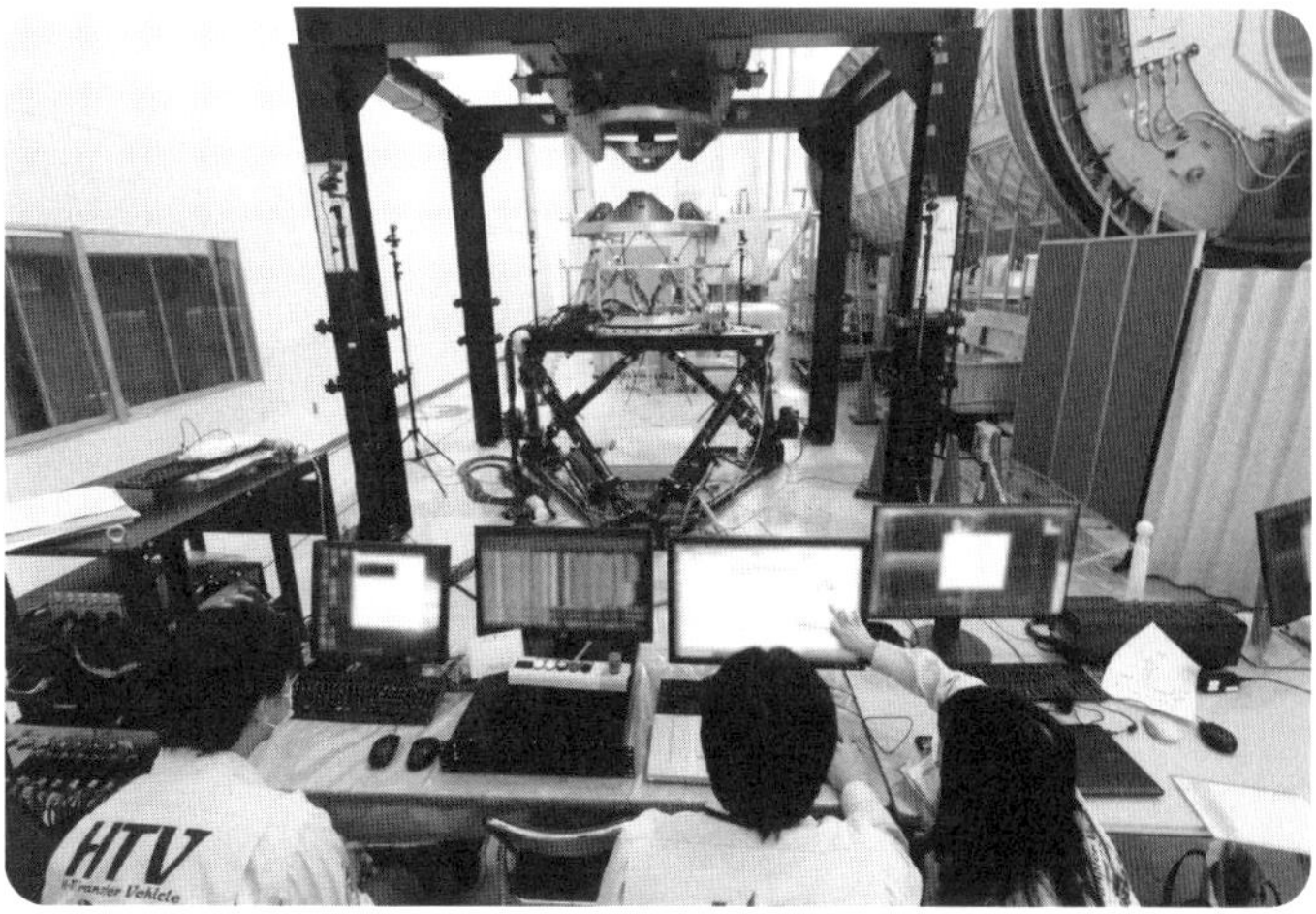


HTV－X に搭載するドッキング機構の試験のようす　JAXA提供

うまく動かすことができるか、企業《きぎょう》といっしょに考えます」。この時、自分が話すことと、ほかの人の話を聞くことの両方を大事にしているそうです。

　また細かい専門知識も大事ですが、一つの分野の知識だけでは対応できないことが多いので、プロジェクトの全体を大局的に把握《はあく》する能力も必要だと梶原さんは言います。

「その場の会話だけだと後で誰《だれ》が何と言ったかわからなくなってしまうので、なるべく文書に残すようにしています」

　アメリカのNASAの職員といっしょに仕事をすることもあるそうです。

「入職して2年目に、アメリカのテキサス州ヒューストンにあるNASAのジョンソン宇宙センターで、NASAのISS運用担当者と『こうのとり』の運用手順の変更《へんこう》について

新型宇宙ステーション補給機「HTV−X」のイメージ　JAXA提供

相談することがありました。はじめての海外出張で、資料を英語でつくり、英語でこちらの要求を伝え、同意を得るという一連の流れは大変でしたが、貴重な経験になりました」

今はNASAとは月に2回、オンライン会議をしています。専門用語が飛び交うので梶原さんは今でも苦労しているそうですが、「はじめてのヒューストン出張の時よりも、だいぶ英語で言いたいことが言えるようになってきたかなと思います」と言います。

日本語でも英語でも、コミュニケーション能力が常に必要とされます。

## 手を動かして部品を作ることも

自分で機器を作ることもJAXAのエンジニアの仕事のひとつです。

「入職するまでは調整役のイメージをもって

いましたが、JAXAのエンジニアが自分で手を動かしてモノを作ることも意外とたくさんあるということを、就職してからはじめて知りました」

梶原さんたちは、宇宙ステーション補給機「こうのとり」7号機に搭載《とうさい》された小型回収カプセルを「こうのとり」本体から分離《ぶんり》させる部品を作りました。「こうのとり」はISSでいらなくなったものを詰《つ》めて、大気圏《たいきけん》に突入《とつにゅう》させます。その際の加熱に耐えるカプセルにISSで行われた実験で作られた試料を入れて地球に送り届けるはじめての試みでした。

「小さすぎて企業《きぎょう》に製造を依頼《いらい》できないほどなのですが、カプセルを切《き》り離《はな》すために必要な部品です。私はこの部品の設計を担当しました。CADというソフトを使ってコンピューター上で設計します。『こうのとり』本体からカプセルがちゃんと切《き》り離《はな》され、無事に海に着水したのを現地からの映像で確認した時はほっとしました」

## 宇宙の何が好きなのかを考えて

このように、梶原さんは入職してから9年間、さまざまな仕事を担当してきました。

「JAXAでは、この仕事をやりたいと思ったら、手をあげればやらせてもらえる機会に恵《めぐ》まれています。だからこそ、ずっと同じ仕事を担当することは少なく、担当する仕事が変わるたびに知識も実務も新たに勉強しなければなりません。資格の取得が必要になる場合もあります。私は宇宙ステーション補給機『こうのとり』の運用の担当になり、通信業務を行うために第一級陸上無線技術士の資格を取得する必要があり、休日やふだんの仕事が終わってから勉強しました。勉強が苦にならないよう〝勉強する習慣〟を身につけておくとよいと思います」

これからやりたいことについて梶原さんにうかがうと、「結局、小さいころからずっと〝宇宙×ロボット〟の道を探っているということに尽《つ》きますね。部品は作れましたが、ロボット本体はまだ作れていないので、たとえば月面を走るローバーなど、宇宙で活躍《かつやく》するロボットを自分で作って、宇宙に飛ばしたいです」と語ってくれました。

自分で作ったものを宇宙へ、という夢《ゆめ》を実現させた今も、小さいころからもち続けている思いは変わらないようです。

これからエンジニアをめざす人たちへは、「私の場合はロボットコンテストでしたが、学生の時は自分が好きなことをどんどんやって得意分野を伸ばしておくといいと思います。はじめから航空宇宙工学にこだわらなくてもいいと思います。自分が宇宙の何が好きなのか、宇宙機のどの部分をやりたいのかを考えつつ、進路を探ってみてください。多くの分野が航空宇宙エンジニアにつながりますし、航空宇宙分野にかかわりたいと思った時がスタートです」とメッセージをくださいました。

# 2章

# 航空宇宙エンジニアの世界

# 航空機・宇宙機は最先端技術の結晶

## 航空宇宙エンジニアとは

ものを作る学問が工学（engineering）であり、ものを作る人を「エンジニア」と呼びます。エンジニアは知識をもっているだけではなく、〝実務者・実践者《じっせんしゃ》〟であるといわれます。理学（science）が物事の原理を研究して〝0を1にする学問〟なのに対して、工学は物事の応用の可能性を広げる〝1を100にする学問〟とたとえられます。

工学のなかでも、空を飛ぶ「航空機」を作るのが「航空工学」、宇宙を飛ぶロケットや人工衛星、探査機などの「宇宙機」を作るのが「宇宙工学」です。飛行機とロケットが飛ぶ原理は異なるのですが、〝ものを空中に飛ばす〟点で共通しているので「航空宇宙工学」といっしょに扱《あつか》われることが多くあります。

「航空エンジニア」は航空機を設計・開発する人のこと、「宇宙エンジニア」はロケットや人工衛星、探査機などの宇宙機を設計・開発する人のことです。

工学のなかでも、航空宇宙工学は分野が細分化されているのが特徴《とくちょう》です。まず、航空と宇宙で分かれます。人が乗る有人飛行か、人が乗らない無人飛行かでも分かれます。航空工学・宇宙工学のなかにさらに、「機体の形状」「機体の素材」「エンジン」「燃料」などのたくさんの分野があります。最初は漠然《ばくぜん》と「ロケットを作りたい」でもいいのですが、ゆくゆくは自分が専門としたい分野を、たとえば「ロケットのエンジンを設計したい」と具体的に選ぶ必要があります。

## なぜ航空機やロケットは飛べるのか

紙飛行機を作って飛ばした時のことを思い出してみてください。なかなか思った通りに飛ばなかったのではないでしょうか。航空機を作って思い通りに飛ばそうとすると、その形や重さ、風の流れなどを計算する必要があります。人を乗せるなら、安全性も最大限に高めなければいけません。

自動車や電車などいろいろな乗り物がありますが、そのなかでも旅客機やロケットは特に大きく複雑で、安全性も求められるため、その時代の最先端《さいせんたん》の技術が詰《つ》まっています。

## 航空機の仕組み

まず言葉の定義として、翼《つばさ》がない気球なども含《ふく》めて、空（大気圏内《たいきけんない》）を飛ぶもの全般《ぜんぱん》を「航空機」といいます。航空機のなかでも、機体が空気より重く、回転しない翼《つばさ》（固定翼《こていよく》）をもつものを「飛行機」といいます。

航空機の三要素といわれるのは、揚力《ようりょく》・推力・飛行制御《せいぎょ》です。「揚力《ようりょく》」は航空機を浮《う》き上《あ》がらせる力のことです。重い航空機が空に浮《う》くのは、翼《つばさ》の上下で空気が流れる速さが違《ちが》うことによって揚力《ようりょく》が生じるためです。翼《つばさ》の下を流れる空気の速度よりも、上を流れる空気の速度が大きいと揚力《ようりょく》が発生します。ヘリコプターなどの回転《かいてん》翼機《よくき》は、翼《つばさ》を回転させることで揚力《ようりょく》を生み出します。航空機の設計では、大きな揚力《ようりょく》を生み出せるような翼《つばさ》の形、機体の形にすることが重要です。

「推力」は飛行機が前に進む力のことです。エンジンが飛行機に推力を与《あた》えます。エンジンでプロペラを回転させて推進する「プロペラ推進」と、プロペラを使わない「ジェット推進」があります。

「飛行制御《せいぎょ》」は機体が飛んでいく方向やスピードをコントロールすることです。固定翼機《こていよくき》は、主翼《しゅよく》・垂直尾翼《びよく》・水平尾翼《びよく》の三つの翼《つばさ》が付いているものが多いです。各翼《かくつばさ》の縁《ふち》には、

## 図表1 航空機の分類

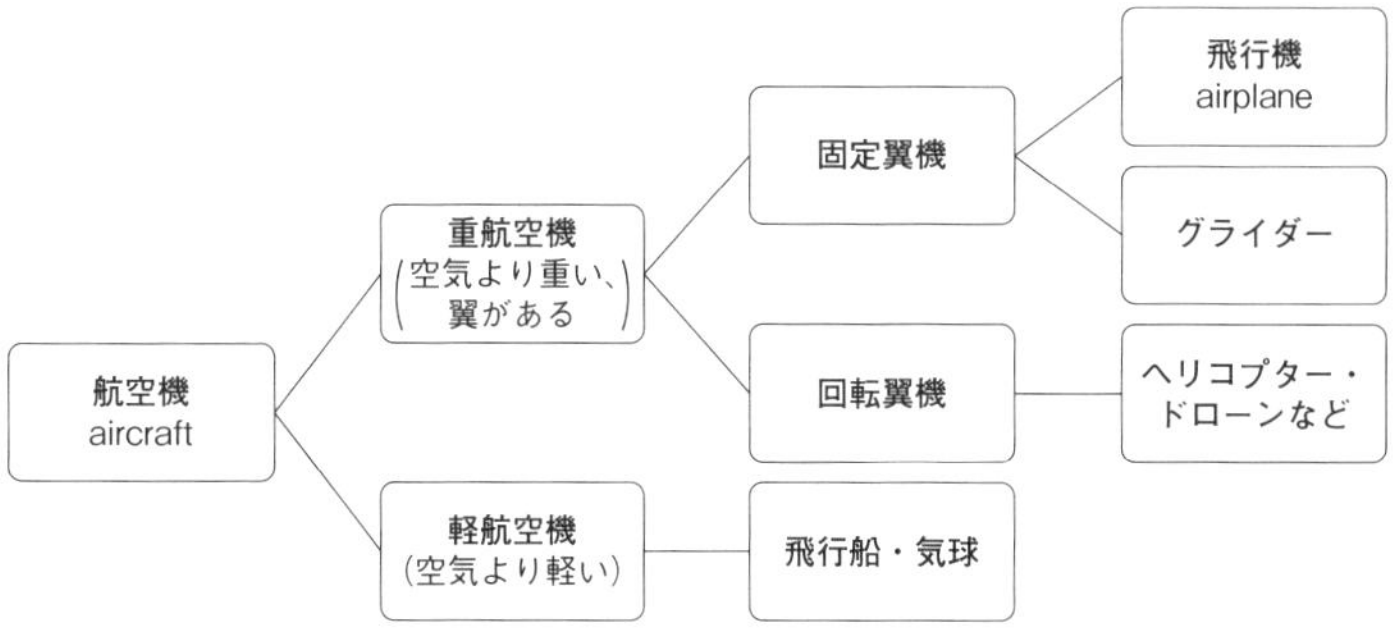


## 図表2 航空機が飛ぶ原理

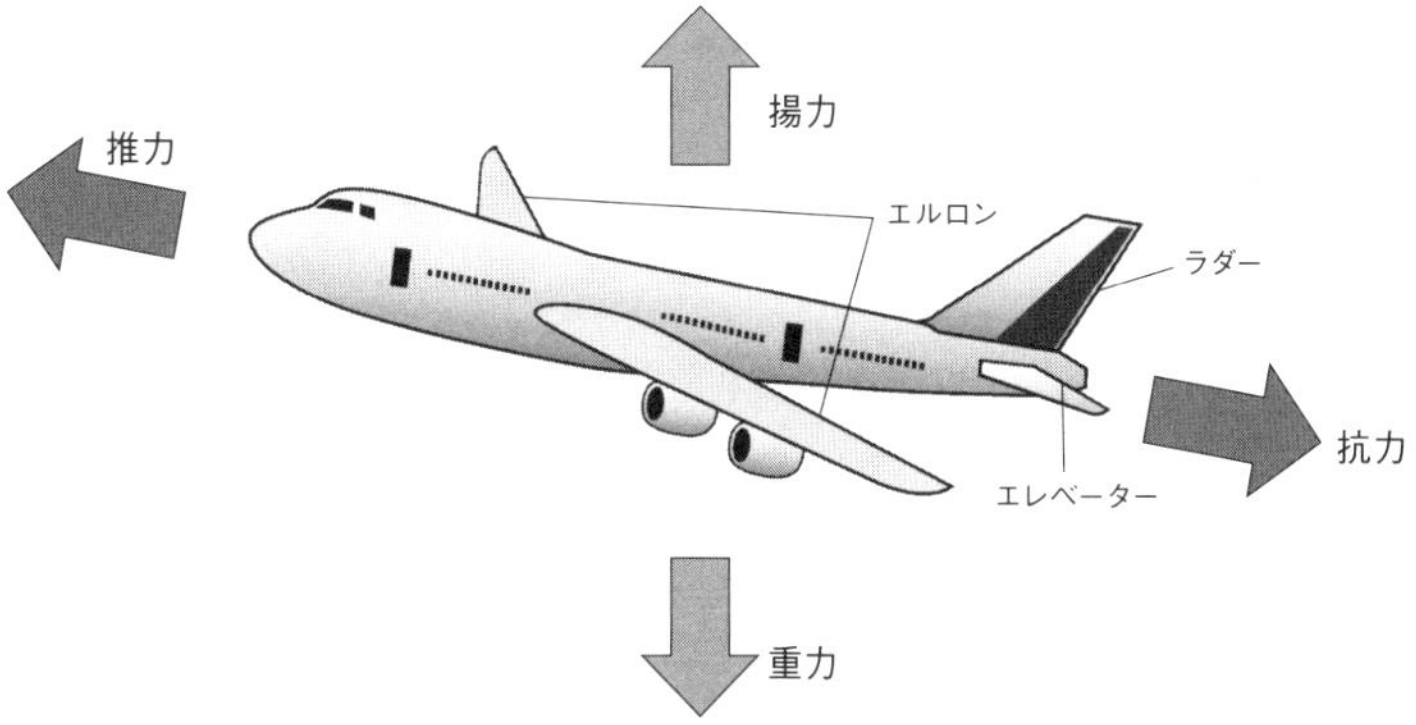

エルロン、ラダー、エレベーターなどと呼ばれる、飛行姿勢を制御《せいぎょ》する重要な装置《そうち》があります。コックピットからの操縦指令が電気信号として伝えられ、これらの部分が動くことで、空気の流れを切《き》り替《か》えて航空機を安全に離着陸させたり、進行方向を変えたりすることができます。

## 航空機のエンジン

航空機のエンジンは、数ある部品のなかでも最重要なので特別扱《あつか》いされます。航空機製造の工程では、機体の組み立てと塗装《とそう》が済んだあと、最後にエンジンが取り付けられます。整備でも、エンジンは取り外され、エンジン専門の整備工場で分解整備されます。

エンジンには、「レシプロエンジン」と「ジェットエンジン」があります。レシプロエンジンのほうが先に開発されました。自動車のエンジンと同じように、シリンダーの中でガソリンを燃やし、ピストンを上下させ、動力を生み出します。シリンダーを放射状に配置したものが、零式艦上戦闘機《れいしきかんじょうせんとうき》（零戦《れいせん》、通称ゼロ戦）などに使われたいわゆる「星型エンジン」です。エンジンは高温になるので、冷やす必要があります。エンジンのまわりに空気を流して冷やす「空冷式」と、冷却水《れいきゃくすい》を循環《じゅんかん》させて冷やす「水冷式」があります。

ジェットエンジンはレシプロエンジンよりも強力です。第二次世界大戦期に開発され、

**図表3** ターボジェットエンジンのしくみ

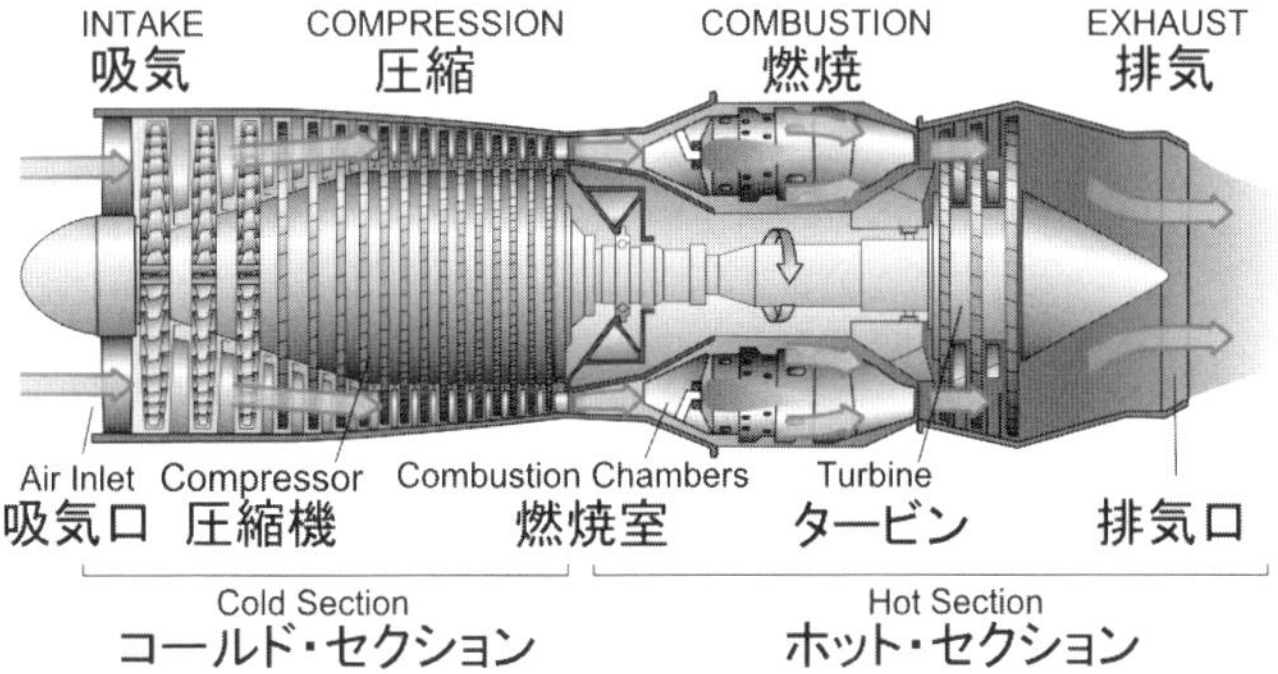


©Jeff Dahl (Mod by Tosaka)

現在はこちらが主流です。前方から周囲の空気を吸《す》い込《こ》み、「ガス発生器（圧縮機・燃焼器・タービン）」で高温・高圧のガスを作り、後方に高速噴射《ふんしゃ》することで、機体を加速させます。基本形の「ターボジェットエンジン」、ファン（羽）がエンジンの前方に付いている「ターボファンエンジン」、プロペラがエンジンの前方に付いている「ターボプロップエンジン」、ヘリコプターの「ターボシャフトエンジン」などの種類があります。

エンジンの個数も重要です。零戦《れいせん》などの昔《むかし》の小型機には、レシプロエンジンが機体の最前方、プロペラの付け根のところに一つだけ付いていました。現在の旅客機は、ジェットエンジンが左右に一つずつ付いている「双発機《そうはつき》」が主流です。エアバスA380やボーイング747は左右に二つずつ付いた「四発機」です。今はあまり使われていませんが、エンジンが左右に一つずつと垂直尾翼《びよく》の付け根に一つ付いた「三発機」もあります。エンジンが二つ以上あれば、もし一つが壊《こわ》れても飛び続けられます。このように、どこかが壊《こわ》れても飛行し続けられるようにシステムを設計すること（冗長性《じょうちょうせい》）も航空機・宇宙機では大事です。

## ロケットの仕組み

私たちが地面の上でジャンプをすると、一瞬《いっしゅん》飛び上がることができますが、すぐに地上に下りてきますね。これは地球の重力を振《ふ》り切《き》れていないからです。ロケットが地球の重力を振《ふ》り切《き》って宇宙に飛び出すためには、もっと勢いよく飛び上がる必要があります。そのために、強力な「ロケットエンジン」を使って、航空機よりももっと加速させます。

地球を周回する人工衛星にするためには第1宇宙速度（秒速7・9キロメートル）まで、地球の重力圏《じゅうりょくけん》を抜《ぬ》けて月や火星に行くためには第2宇宙速度（秒速11・2キロメートル）まで加速させなければいけません。ロケットエンジンは、何百トンものロケットを持ち上げ、最終的にこの速度まで加速させるのです。

そのため、ロケットは大量の燃料を必要とします。ロケットの重さの約9割は燃料です。ロケットは、液体燃料を使う「液体（燃料）ロケット」と、固体燃料を使う「固体（燃料）ロケット」の２種類に大きく分けられます。

液体ロケットの主な燃料は、気体の水素を冷却《れいきゃく》・圧縮した液体水素や、石油の成分のケロシン、メタンなどです。液体燃料を燃やしてガスを噴出《ふんしゅつ》し飛んでいきます。液体燃料の燃焼に使う液体酸素もロケットに搭載《とうさい》されます。燃料の注入量を調整すると、ガスの噴出《ふんしゅつ》量《りょう》、つまり推力を調整することができます。また、点火した後でも燃料の注入を止めて打ち上げを中止することができます。しかし、液体燃料は揮発しやすく長時間入れたままにしておけないので、打ち上げが延期になった場合にはいったん燃料を抜《ぬ》く必要があります。

固体ロケットの燃料（推進薬・推進剤《すいしんざい》）にはいくつか種類があります。「コンポジット推進薬」というものは合成ゴムなどの燃える物質と酸化剤《さんかざい》を混ぜて固めたものです。一度点火したら中止できませんが、固体燃料は保存しておけます。液体ロケットに比べてロケットの作りが格段にシンプルです。

打ち上げ中には、使い終わった燃料タンクなどを切《き》り離《はな》して、徐々《じょじょ》にロケットを軽くしていきます。Ｈ－２Ａ、Ｈ－２Ｂ、Ｈ３ロケットは「２段式」で、最下部に一つ目のエンジンが、ロケット本体の中に二つ目のエンジンがあります。ロケットの下部から切《き》り離《はな》していくと、二つ目のエンジンが現れます。最終的に、ロケット先端《せんたん》の「フェアリング」の中に載《の》せられた衛星や探査機だけが目的地に向かって飛んでいきます。

航空宇宙工学の歴史と現在

# 航空も宇宙も20世紀に急成長、現在は新しいフェーズへ

「翼《つばさ》が無いから、人は飛び方を探すのだ」という言葉が漫画《まんが》『ハイキュー!!』（古舘春一《ふるだてはるいち》著）に出てきます。これはバレーボール選手の話ですが、空を飛ぶ鳥にあこがれ、鳥の翼《つばさ》を真似て飛ぼうとするアイデアは大昔《おおむかし》からあったようです。ギリシャ神話にはイカロスが、ろうで固めた鳥の羽で飛ぼうとした話があります。また、レオナルド・ダ・ヴィンチは1500年ごろに、羽ばたき式の翼《つばさ》をもつ航空機「オーニソプター」やヘリコプターの原型の設計図を描《か》いています。

気球のはじめての有人飛行は1783年、飛行船は1852年でした。そして、ライト兄弟がはじめて〝飛行機〟で動力飛行に成功したのは、1903年のことでした。航空機、特に固定翼《こていよく》飛行機の歴史はまだ120年ほどの短いものです。しかし、この短いあいだに航空機は大きく発展しました。

## ライト兄弟から第二次世界大戦まで

１９０３年12月17日、アメリカのノースカロライナ州キティホークで、ウィルバー・ライトとオーヴィル・ライトの兄弟が自作の飛行機で、12秒間の動力飛行を成功させました。それ以前にも動力を生むエンジンを搭載《とうさい》した飛行船はありましたが、固定翼《こていよく》飛行機での動力飛行ははじめてでした。同時期には天文学者のサミュエル・ラングレーも飛行機の実験をしていました。ライト兄弟の飛行機「ライトフライヤー号」の本物はアメリカのスミソニアン航空宇宙博物館に、模型は岐阜《ぎふ》県のかかみがはら航空宇宙博物館にあります。骨組みは木で、翼《つばさ》は麻布《あさぬの》（羽布）でできた一人乗りのシンプルな飛行機です。当時の映像も残っています。

ライト兄弟は、いきなり実物大の飛行機を試作するのではなく、まず小型の模型を作りました。「風洞《ふうどう》」という風を起こす装置《そうち》の中で模型を飛ばす実験を屋内で行い、調整をしてから本体を作り始めました。また、実験をする時に風向きや風の強さなどが毎回違《ちが》うと実験結果を検証しにくいため、気象条件が年間を通して比較的《ひかくてき》一定な場所を選びました。このデータに基づく分析力《ぶんせきりょく》が、初の動力飛行の成功につながりました。

日本で最初に飛行機が飛んだのは１９１０年12月19日のことでした。徳川好敏《とくがわよしとし》大尉《たいい》と日《ひ》野《の》熊蔵《くまぞう》大尉《たいい》が東京《とうきょう》代々木《よよぎ》練兵場（今の代々木公園）で、日本初の動力飛行に成功しました。１９１１年には所沢《ところざわ》陸軍飛行場が開設されました。

１９２７年には、チャールズ・リンドバーグが史上はじめて途中《とちゅう》で着陸することなく、ニューヨークからパリまで一人で大西洋《たいせいよう》を横断しました。

航空機は最初、今のように大勢の人の移動手段としてではなく、郵便物を運ぶために使われました。第一次世界大戦では、航空機は主に偵察《ていさつ》に使われました。小説『星の王子さま』の作者サン＝テグジュペリもフランス軍のパイロットでした。

第二次世界大戦では、航空機は爆弾《ばくだん》を搭載《とうさい》した主力兵器となりました。日本でも中島《なかじま》飛行機（現ＳＵＢＡＲＵ）や三菱重工《みつびしじゅうこう》、川崎《かわさき》航空機工業（現川崎重工）、川西《かわにし》航空機（現新《しん》明和《めいわ》工業）などが戦闘機《せんとうき》を開発していました。映画『風立ちぬ』（宮崎駿監督《みやざきはやおかんとく》）の主人公のモデルとなった堀越二郎《ほりこしじろう》は、三菱《みつびし》内燃機（現三菱重工）の航空エンジニアで、零戦《れいせん》などを開発しました。零戦《れいせん》は当時の世界一の速度と航続距離《きょり》を誇《ほこ》りました。

## 戦後から２０００年代まで

１９４５年８月の終戦後、日本での航空機開発は７年間禁止され、「空白の７年」と呼ばれます。１９５２年のサンフランシスコ講和条約で再び航空機開発ができるようになると、日本初の国産ジェット機「富士《ふじ》T－1」や国産旅客機「YS－11」などが開発されました。「YS－11」は全部で182機作られました。

戦後、大勢の人が旅客機を交通手段として使うようになりました。それにともなって、速度だけではなく、安全性と低料金化、快適なサービスも求められるようになりました。一方で、ボーイング737MAXの2018年、19年の2度の墜落《ついらく》のような事故や、ハイジャック事件、旅客機を用いたテロなども発生しました。

もう一つの流れとして、スピードへの挑戦《ちょうせん》も行われました。1947年、アメリカのチャック・イエーガーがベルXS－1号機で史上はじめて音速飛行に成功しました。音速とは秒速約340メートル＝マッハ1の速度のことです。速度が速くなると「衝撃波《しょうげきは》」が発生します。音速を超《こ》えると、衝撃波《しょうげきは》の圧力で機体がそれ以上加速できなくなります。それが「音速の壁《かべ》」です。この壁《かべ》を破ったことで、航空機はつぎの段階へと進みました。超音《ちょうおん》速《そく》旅客機「コンコルド」は1976年から2003年まで運用されました。ニューヨーク・ロンドン間を3時間弱で結びました。コンコルドの課題は、ソニックブーム（衝撃波《しょうげきは》による大音響《だいおんきょう》）が起こるので人が住むところでは迷惑《めいわく》になることでした。現在、衝撃波《しょうげきは》を分散しソニックブームを軽減した新しい超音速《ちょうおんそく》旅客機をJAXAなどが開発しています。

## 航空工学の現在

今、世界的に「リージョナルジェット」が注目されています。1〜2時間のフライト用の100席以下の航空機のことです。個人のプライベートジェットとしても使えますが、特にビジネスでの需要が高まっています。直行便がない路線でも、リージョナルジェットを使えば目的地に直行できるので大幅《おおはば》に移動時間を短縮できたり、乗客は自分たちだけなので移動中にも込《こ》み入《い》った打ち合わせができたりして便利だからです。

ビジネス用の小型機「ホンダジェット」を、本田技研《ほんだぎけん》工業の子会社のホンダエアクラフトカンパニーがアメリカで開発・製造・販売《はんばい》しています。定員はパイロットを含《ふく》め最大8名の小さな航空機ですが、使い勝手がよいとよく売れています。5年連続でビジネスジェットの納入機数世界首位になりました。

三菱重工が開発を進めていた「スペースジェット（MRJ）」は量産に必要な型式証明（説明は81ページ）を取得できず、残念ながら2023年に開発が中止されました。こちらは座席数90席ほどの航空機です。

また、近年の航空機には、速さ・安さだけではなく、環境《かんきょう》への配慮も求められます。航空機のエンジンを動かす時には、大量のジェット燃料を使い、温室効果ガスの二酸化炭素

ビジネス用小型機「ホンダジェット」 Honda提供

がたくさん排出《はいしゅつ》されます。廃油などのSAF(Sustainable Aviation Fuel 持続可能な航空燃料)や、電気自動車ならぬ電気飛行機、水素燃料電池で飛ぶ航空機の研究も進められています。

2020年からのコロナ禍《か》で、人の移動が激減《げきげん》し、一時的に旅客機が空から消えましたが、2022年現在は人の移動も徐々《じょじょ》に戻《もど》ってきています。航空機産業は戦前・戦後の流れを経て、環境《かんきょう》にも配慮《はいりょ》した新しいフェーズに入っています。

## ロケットの父たち

宇宙開発も、固定翼《こていよく》飛行機の開発と同じころに始まります。宇宙開発の歴史をたどってみましょう。

どれが最古のロケットかは諸説ありますが、記録に残っているものでは、13世紀の中国《ちゅうごく》（宋）で使われた火矢「火箭《かせん》」です。ロケットといってもロケット花火のようなもので、もちろん宇宙空間までは飛べませんでしたが、飛ぶ原理は今の固体ロケットとほぼ同じです。〝ロケット〟はその後19世紀まで、鎌倉《かまくら》時代の元寇《げんこう》やアメリカ独立戦争などで兵器として使われていました。

近現代のロケット開発史には〝○○の父〟と呼ばれる主要な人物が複数名います。一人目の〝宇宙旅行の父〟はロシアのコンスタンチン・ツィオルコフスキーです。１８９７年に、ロケット推進の計算式を作りました。その後、ツィオルコフスキーは「地球は人類にとってゆりかごだ。だが、ゆりかごで一生を過ごす者はいない」という有名な言葉を残しています。「人類が宇宙をめざすことは必然だ」と20世紀の初めに言っているのです。

二人目は〝近代ロケットの父〟、アメリカのロバート・ゴダードです。液体ロケットを作り、１９２６年に史上はじめてのロケット飛行実験を行いました。

ロケットはミサイルと仕組みを共通にしています。ドイツのロケットエンジニアのヴェルナー・フォン・ブラウンが、第二次世界大戦中に開発したＶ２ロケットはミサイルとして使われました。

第二次世界大戦後の１９５８年には、ＮＡＣＡ（アメリカ航空諮問《しもん》委員会）を前身として、NASA（アメリカ航空宇宙局）が設立されました。冷戦下の1960年代には、アメリカとソビエト連邦《れんぽう》が競って宇宙開発を行いました。ケネディ大統領の「我々は月へ行くことにする」という演説が有名ですが、これにはソ連より先に月への有人飛行を行い、ソ連を出《だ》し抜《ぬ》くという意図がありました。

ソ連の宇宙開発は〝ソ連のロケットの父〟、セルゲイ・コロリョフが主導し、人工衛星スプートニクの地球周回、ユーリ・ガガーリン飛行士の人類初の有人宇宙飛行を成功させました。

アメリカでは、ドイツから移住した〝アメリカの宇宙開発の父〟、フォン・ブラウンが、有人飛行のマーキュリー計画、ジェミニ計画、アポロ計画を進めました。1969年7月20日、アポロ11号ミッションでニール・アームストロング飛行士とバズ・オルドリン飛行士が月面に着陸しました。アポロ計画はその後1972年の17号まで続き、総量約400キログラムの月の石が地球に持ち帰られました。これで米ソの宇宙開発競争がいったん区切りを迎《むか》えます。

## 日本のロケット開発

〝日本のロケットの父〟は糸川英夫博士《いとかわひでおはくし》です。1955年に長さ23センチメートルの「ペ

ペンシルロケット最初の発射　JAXA提供

ンシルロケット」の実験を行いました。1958年には固体ロケット「K（カッパ）－6型ロケット」を高度60キロメートルまで打ち上げました。この固体ロケットの系統は、Λ（ラムダ）ロケット、M（ミュー）ロケット、そして現在使われている中型固体ロケット「イプシロンロケット」へ続いています。一方、液体ロケットのN型とH型の系統は、H3ロケットへと続いています。2005年に探査機「はやぶさ」が到着《とうちゃく》した小惑星は、糸川博士《はくし》の功績をたたえて「イトカワ」と名付けられています。

## スペースシャトルとソユーズ

アポロ計画後のNASAの有人宇宙飛

行には、1981年から2011年まで「スペースシャトル」が使われました。当時のロケットは使い捨てでしたが、スペースシャトルは再使用できました。1992年の毛利《もうり》衛《まもる》宇宙飛行士をはじめとする日本人宇宙飛行士たちもスペースシャトルで宇宙に飛び立ちました。成功したミッションの一方で、1986年のチャレンジャー号は爆発《ばくはつ》、2003年のコロンビア号は空中分解し、宇宙飛行士たちが命を落としました。スペースシャトルは2011年まで使われ、現存する4機はアメリカの四つの博物館に1機ずつ展示されています。

ロシアでは「ソユーズロケット／宇宙船」が、1967年の初飛行から現在まで50年以上、改良されながらずっと使われています。スペースシャトルの引退から、2020年にスペースX社のファルコン9ロケットと宇宙船クルードラゴンが使えるようになるまで、NASAのミッションでもソユーズを使用していました。古川《ふるかわ》聡《さとし》、油井《ゆい》亀美也《きみや》、大西《おおにし》卓哉《たくや》、金井《かない》宣茂《のりしげ》宇宙飛行士らはソユーズで宇宙に行っています。

## 宇宙ステーション

宇宙飛行士が宇宙船やスペースシャトルに乗ってそのまま帰ってくるだけでなく、宇宙空間に滞在《たいざい》する拠点《きょてん》となる「宇宙ステーション」も作られました。ソ連のサリュート1号から7号、アメリカの「スカイラブ」などです。

ソ連の宇宙ステーション「ミール」は、1986年に打ち上げられ、2001年まで使われました。1990年、当時TBSの記者だった秋山豊寛《あきやまとよひろ》氏は、ミールに9日間滞在《たいざい》しました。

1998年から「国際宇宙ステーション（International Space Station、ISS）」の建設が始まりました。部屋《へや》にあたる「モジュール」を少しずつ増設して、2011年に完成しました。太陽光パネルまで入れると、ちょうどサッカー場くらいの大きさです。ISSには各国の宇宙飛行士が常に6名から10名ほど滞在《たいざい》し、無重量の環境下《かんきょうか》でいろいろな実験を行ったり、宇宙空間に出てISSの修理などを行ったりしています。ISSは2030年まで使用される予定です。

また、中国の宇宙ステーション「天宮《てんきゅう》（中国宇宙ステーションChina Space Station、CSS）」が2022年11月に完成しました。

## 無人探査機

NASAはこれまでにたくさんの宇宙探査ミッションを行っています。太陽系の惑星《わくせい》は土星まではすべて探査し、天王星より遠くの天体も通り過ぎながら観測を行っています。太陽系の外に出た探査機も「ボイジャー1号・2号」「パイオニア1号・2号」の4機あ

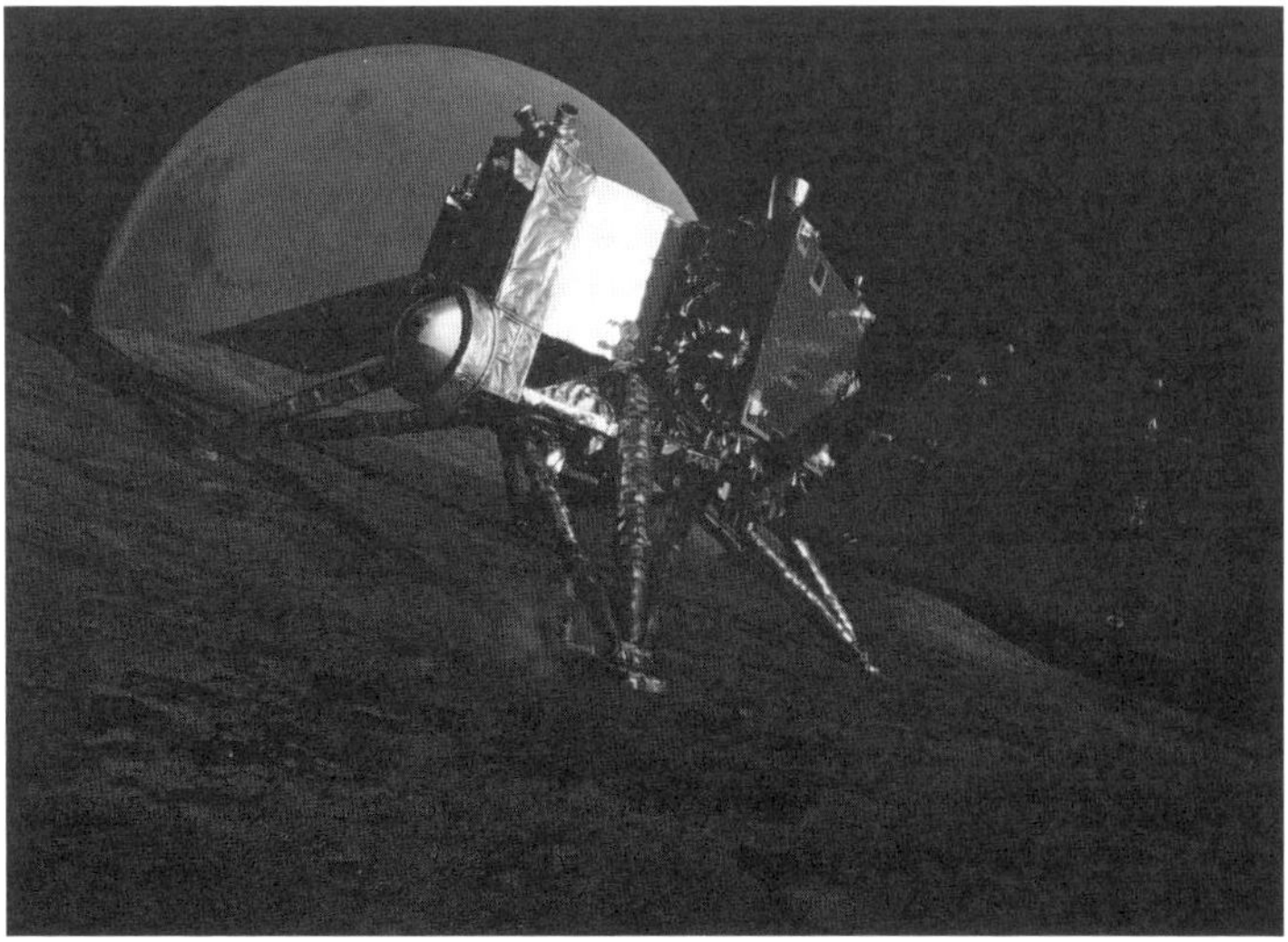

火星の衛星フォボスで地表の岩石を採取する「MMX」（イメージ図）　JAXA提供

ります。

　そのなかで、いちばん多く行われているのは火星探査です。火星周回軌道《きどう》に衛星を投入して地形などのデータを取ったり、地表でローバーを走らせて岩石の成分を分析《ぶんせき》したりしています。38億年前ごろまでには火星に水があったことがわかっていて、生物が過去にいたか、今もいるかを調べています。

　ＪＡＸＡも無人探査機をたくさん打ち上げています。小惑星《しょうわくせい》探査機「はやぶさ」「はやぶさ2」、金星探査機「あかつき」などです。「はやぶさ2」は、小惑星《しょうわくせい》リュウグウの砂を地球に持ち帰り、まだ飛行を続けています。２０２４年１月には小型月着陸実証機「ＳＬＩＭ《スリム》」が月面に着陸しました。２０２６年には火星衛星探査機「ＭＭＸ」の打ち上げが予定されています。

## 人工衛星

地球を周回する「人工衛星」も世界各国で数多く打ち上げられています。日本の最初の人工衛星は、糸川博士《はくし》もかかわった１９７０年の「おおすみ」でした。雲のようすをみる気象衛星「ひまわり」や、「だいち2号」などの上空から地形などを測定するリモートセンシング衛星、「みちびき」などのＧＰＳ衛星、衛星放送や携帯《けいたい》電話の通信に使われる通信衛星などは、私たちの日々の暮らしにも大いにかかわっています。

近年は、「超小型《ちょうこがた》衛星」が大学の研究室やスタートアップ企業《きぎょう》などで盛《さか》んに作られています。超小型《ちょうこがた》衛星には立方体状の「キューブサット（CubeSat）」や、空《あ》き缶《かん》サイズの「カンサット（CanSat）」など1キログラムほどの小さいものから、50キログラムほどのものまであります。超小型《ちょうこがた》衛星は従来の衛星に比べると小さく簡単な機構ですが、地上と通信して画像などのデータを送ることができます。宇宙に送る時には、イプシロンロケットなどに載《の》せて打ち上げてもらったり、国際宇宙ステーションの宇宙飛行士に宇宙空間に放出してもらったりします。

ここで、衛星などロケットに載《の》せるもの「ペイロード」をつくるのと、ペイロードを載《の》せるロケットをつくって打ち上げるのは別々に行われる、というのがポイントです。「私たちのロケットで、あなたの衛星や探査機を打ち上げます」という「ロケット打ち上げビジネス」があります。２０２０年7月に日本のＨ－ⅡＡロケットで、アラブ首長国連邦《れんぽう》（ＵＡＥ）の火星探査機「ＨＯＰＥ」を打ち上げたのはその一例です。Ｈ３ロケットは、打ち上げ費用をＨ－ⅡＡロケットの約半額の50億円まで下げ、「日本のロケットでは衛星を安く打ち上げられますよ」と海外に売《う》り込《こ》んでいく方針です。

複数の衛星を打ち上げ、連携《れんけい》させて運用することを「衛星コンステレーション」といいます。コンステレーションとは星座という意味です。日本の「みちびき」も4機の衛星コンステレーションです。アメリカのスペースX社は、4万機もの通信衛星を打ち上げる「スターリンク計画」を始めています。衛星通信を使って、世界中どこでもインターネットが使えるようにすることが目的です。２０２２年のウクライナ危機では、ロシアのサイバー攻撃《こうげき》でインターネットが使えなくなったウクライナにインターネット環境《かんきょう》を提供しました。

一方で、宇宙空間に人工物が増えることで、天文観測の邪魔《じゃま》になったり、「スペースデブリ」が増えたりすることが問題になっています。スペースデブリとは、その名の通り宇宙を漂うごみ、不要になったのにそのまま宇宙にあるもののことです。役目を終えた宇宙機は地球に落下させて大《たい》気《き》圏《けん》突《とつ》入《にゅう》時《じ》に焼却《しょうきゃく》されますが、破片などが宇宙に残る場合があります。１ミリメートル以上の大きさのスペースデブリは1億個以上あるといわれます。毎秒約７～８キロメートルという猛《もう》スピードで地球を周回していて、衛星にスペースデブリが衝突《しょうとつ》して壊《こわ》れた例もあります。日本のアストロスケール社がスペースデブリを回収する超小型《ちょうこがた》衛星を開発中で、注目されています。

## 現在進行中の有人宇宙探査

現在の有人宇宙探査には、二つの大きな流れがあります。ひとつは国が主導する計画、もうひとつは民間企業《きぎょう》による宇宙機開発プロジェクトです。民間企業《きぎょう》による宇宙機開発については「宇宙工学の将来」で述べます。

国が主導している計画の代表例は、ＮＡＳＡの「アルテミス計画」と、中国の月探査計画です。

ＮＡＳＡは「アルテミス計画」で、アポロ計画以降50年ぶりに再び月をめざしています。新型ロケット「ＳＬＳ」と新型宇宙船「オリオン」で、２０２５年ごろに宇宙飛行士を月に送る計画です。その第1段階「アルテミス１」ミッションとなるＳＬＳロケットの無人初飛行が２０２２年11月16日に行われました。「アルテミス２」ミッションでは宇宙飛行士を乗せて月を周回し、「アルテミス3」ミッションでいよいよ人類が再び月に降り立つ計画をしています。また、月周回軌道上《きどうじょう》の新しい宇宙ステーション「ゲートウェイ」の建設も予定されています。ゲートウェイは月だけではなく、火星へ出発するための基地としても使われます。

中国も独自にロケットや宇宙船を開発していて、宇宙飛行士が宇宙ステーション「天宮」に滞在しています。月探査では、2024年6月に「嫦娥《じょうが》6号」で月の裏側からの無人サンプルリターンを成功させています。今後は有人月探査を試みると思われます。

なぜ今各国が月をめざしているかというと、月には凍った水などの資源があるかもしれないからです。水の氷があれば、それを溶《と》かして水から水素を作ってロケットの燃料にしたり、将来、月で人が暮《く》らすようになったら飲み水にしたりすることもできます。ほかにも、月の砂の中には、核融合《かくゆうごう》発電の材料になるヘリウム3が含《ふく》まれています。アメリカと中国は、また昔《むかし》のアメリカとソ連の競争のようなようすになってきています。

# 航空機や宇宙機は分業で作る 整備も多岐にわたる

## 「航空機を作る」とは?

航空機、特に旅客機は巨大で非常に複雑です。自動車と旅客機では大きさがまったく違《ちが》いますが、自動車の部品が２万〜３万個なのに対して、大型旅客機には２００万〜３００万個もの部品が使われています。そのため、一つの企業《きぎょう》で飛行機1機を丸ごと作るのではなく、翼《つばさ》やエンジン、胴体《どうたい》、高度計などの計器、座席などの内装《ないそう》など、それぞれの部品を複数の企業《きぎょう》で分担して作り、最後に一つに組み立てます。

現在使っている型の量産と同時に、新型機の開発も進められます。旅客機には「より速く、長く、高く飛ぶ」ことに加えて、「安全に、運航コストを安く」という点も求められます。旅客機は約20年間使われ、そのあとは貨物用になることもあります。

**図表4 新型旅客機の開発の流れ**

航空機メーカーが新型機を企画する
航空機メーカーが「こんな部品が欲しい」と提示、入札で各部品メーカーを募る
部品メーカーが提案、受注

⇩

［部品メーカー］
基本設計→設計審査（PDR）、コンピュータ上で性能解析
詳細設計→設計審査（CDR）
認証試験→報告書作成
認証取得

⇩

航空機メーカーの工場へ、完成した部品を送る

⇩

［航空機メーカー］
テストフライト
型式証明の取得
量産・顧客へ引き渡し
顧客への機体の売り込みと受注

旅客機にはさまざまな型がありますが、機内の通路が1本（座席が横に6席まで、全部で100〜230席）の「ナローボディ機」か、2本（横に7〜10席、230席以上）の「ワイドボディ機」に大きく分かれます。国際線では航続距離《きょり》が長いワイドボディ機が、国内線ではナローボディ機が主に使われます。

## 新型旅客機の開発

新型旅客機の開発の流れは図表4のようになります。一つの部品を作るのに3〜5年、全体で10年近くかかる一大プロジェクトです。

設計には、第1段階の「基本設計」と、設計審査《しんさ》を経て基本設計を見直す「詳細《しょうさい》設

計」があります。詳細《しょうさい》設計の後にも再び設計審査《しんさ》が行われます。その後、部品を高温・低温にしてみたり、強く振動《しんどう》させてみたりして実際の環境《かんきょう》よりも厳しい負荷をかけるさまざまな試験が行われます。

1章ドキュメント2のナブテスコの堤《つつみ》さんのような部品の設計・開発を行う航空エンジニアは、主に部品の基本設計から量産開始までと、量産後の設計改善を担当します。コンピューター上で設計作業や解析《かいせき》を行うのが、ふだんのメインの仕事ですが、部品の試験が行われる時には同席し、試験結果を検討します。設計審査《しんさ》では、ボーイング社の担当者に英語で説明をするので、資料の作成などの準備をします。何百ページにもなる認証試験の報告書も英語で作成します。量産後の不具合対応では、機体を運用していて明らかになった不具合や、製造がうまくいかないところの対応などを行います。

## 航空機メーカーと航空会社

### ●航空機メーカー

「航空機メーカー」は部品の発注や製造の取りまとめ、型式証明の取得、航空会社（エアライン）などの顧客《こきゃく》への機体の売《う》り込《こ》みと販売《はんばい》などを行います。部品を作る企業《きぎょう》に対して、「完成機メーカー」とも呼ばれます。

世界の３大航空機メーカーはアメリカのボーイング社、ヨーロッパのエアバス社、ブラジルのエンブラエル社です。ボーイング社とエアバス社の２社で世界の約９割の旅客機を製造しています。ボーイング社とエアバス社は主に大きな旅客機を、エンブラエル社はリージョナルジェット（１、２時間のフライト用の１００席以下の航空機）を作っています。カナダのボンバルディア社も主要な航空機メーカーでしたが、小型旅客機Ｃシリーズ（現Ａ２２０シリーズ）をエアバス社に事業譲渡《じょうと》して、民間航空機事業から撤退《てったい》しました。リージョナルジェットには新たにホンダや中国商用飛機（ＣＯＭＡＣ）が参入しています。

○型式証明（TC：Type Certificate）

型式証明とは「航空機の型式（その航空機独自の構造・設備・外形）の設計が、耐空性《たいくうせい》基準と環境《かんきょう》基準に適合している」という各国の国土交通大臣の証明です。航空機メーカーが申請《しんせい》・取得します。

完成した航空機は1機ずつ試験飛行（テストフライト）をして安全性（耐空性《たいくうせい》）を確かめますが、型式証明取得済みの型であれば、設計・製造には問題がないだろうとみなされ、耐《たい》空《くう》証明における検査の一部を省略することができます。製品化して量産するためには、航空機メーカーは「型式証明」を取得する必要があります。

エアバス社はエアバス・ヘリコプター・ジャパン社が新卒のエンジニアを採用していますす。ボーイング社の日本子会社はエンジニアを採用していますが、設計・開発というよりはアメリカ本社と日本の部品メーカーとの調整が主な仕事になるようです。ボーイングやエアバスの本社に勤めたいと思うと、欧米《おうべい》でも航空エンジニアは人気の職種なのでかなり狭《せま》き門ですが、欧米《おうべい》の大学で航空宇宙工学を学び、本社採用に挑戦《ちょうせん》してみてもいいでしょう。

### ●航空会社

全日本空輸《ぜんにっぽんくうゆ》（ＡＮＡ）や日本航空《にほんこうくう》（ＪＡＬ）などの航空会社（エアライン）は、航空機を航空機メーカーから買うか、航空機リース会社から借りて、航空法に従って運航します。航空会社の技術系総合職で、航空機メーカーやエンジンメーカーなどと技術的な交渉《こうしょう》を行ったり、整備の方法や人員配置などを考えたりするエンジニアも必要とされます。最初は整備の現場で学び、そのあと技術部門に異動します。

## 機体やエンジンを製造する重工業メーカー

重工業メーカーとは、船舶《せんぱく》・航空機などの乗り物や発電所の建造などの重工業を幅広《はばひろ》く国際的に手《て》がける企業《きぎょう》です。業界最大手の三菱重工の売上収益は約３・８兆円、そのうち航空・防衛・宇宙部門の売上高が約６０００億円です。

日本には旅客機の完成機メーカーはありませんが、日本の重工業メーカーも旅客機開発において重要な役割を担っています。ボーイング７８７は全体の35％が日本製の部品なので〝準国産機〟といわれています。大事な主翼《しゅよく》の製造を日本の企業《きぎょう》（三菱重工・川崎重工・ＳＵＢＡＲＵ）がはじめて任されました。１章ドキュメント１の川崎重工の矢野さんのように、ボーイング社と綿密に協議しながら部品を設計・開発・製造します。

航空機エンジンの世界３大企業《きぎょう》はゼネラルエレクトリック社、ロールスロイス社、プラット&ホイットニー社です。日本でもＩＨＩが航空機のエンジンを国際共同開発・自社開発しています。川崎重工は３大企業《きぎょう》に部品を提供しています。

## 航空機の生産技術・生産管理

モノの設計・開発をするだけでなく、作り方を考える「生産技術」のエンジニアもいます。生産技術部門のなかにも分野があります。どういう手段・手順で作るかを考える「工程設計」、必要な製造設備や治工具《じこうぐ》（作業を補助する道具や足場）の性能を発揮させる「設備・治工具《じこうぐ》技術」、既存《きぞん》の製造手段をブラッシュアップしたり、新しい製造手段を開発したりする「生産技術開発」などです。１章ドキュメント１の川崎重工の矢野さんのような「工程設計」のエンジニアは、製造・組み立ての方法を考えるだけでなく、設計から製造まですべての段階にかかわります。スケジュールを立て、上流工程からの材料や部品の上流工程からの流れ（サプライチェーン）やすべての部品・工具・設備・人員の配置を考え、工程を組み立て、製造ラインを実際につくりあげます。部品の製造や機体の組み立てが始まったら、製造部門をサポートします。

生産管理部門は、製品づくりの前後の段階を担当します。材料の管理や、完成品の出荷数の管理などを行い、航空機メーカーへの納期に間に合うように生産計画を作成するのが主な業務です。

## 航空機部品を製造するメーカー

航空機を部品単位でみると、機体やエンジンなどの「機械系」、機内設備の「内装系《ないそうけい》」、電気系統の配線などの「電装系《でんそうけい》」に大きく分けられます。これらを作っている部品メーカーがあります。

航空機の飛行制御《せいぎょ》にかかわる部品「フライト・コントロール・アクチュエーション・システム」をナブテスコが作っていて、国産機におけるシェアは100パーセントです。また、東京航空計器は機体の飛行高度を示す高度計や、機体の傾《かたむ》きや方位を示すジャイロ計器などを作っています。

機体を軽量化するためには、軽くて丈夫《じょうぶ》な素材が必要です。「炭素繊維《せんい》」を樹脂《じゅし》で固めた「炭素繊維《せんい》強化プラスチック（ＣＦＲＰ）」が使用されています。日本の素材メーカー、東《とう》レは炭素繊維《せんい》の世界のトップ企業《きぎょう》です。

内装系《ないそうけい》メーカーでは、日本のジャムコが化粧室《けしょうしつ》やギャレー（厨房《ちゅうぼう》設備）の世界シェアの半分を占《し》めています。座席に付いているモニターなどの機内エンタテインメント設備ではパナソニックのアメリカ子会社が世界首位です。

## 自衛隊の航空機と重工業メーカー

自衛隊の航空機は日本国内で作られています。防衛省の外局の防衛装備庁《そうびちょう》が自衛隊機開発の入札を行い、重工業メーカーが受注契約《けいやく》を結んで開発し、納品します。

川崎重工が自衛隊の輸送機Ｃ－１・Ｃ－２、Ｐ－１哨戒機《しょうかいき》、ブルーインパルスで知られるＴ－４中等練習機などを設計・開発しています。三菱重工はライセンス生産でＦ－15Ｊ戦闘機《せんとうき》などを製造しています。またＦ－２戦闘機《せんとうき》は、防衛庁技術研究本部が三菱重工を主契約社《けいやくしゃ》とし、ロッキード・マーティン社・川崎重工・ＳＵＢＡＲＵを協力会社とする「国際共同開発」で作られています。ＳＵＢＡＲＵは陸上自衛隊の多用途《たようと》ヘリコプターＵＨ－

2なども作っています。

なお、防衛装備《そうび》庁《ちょう》の技術系研究職として、装備《そうび》開発官や装備《そうび》研究所の研究員がいます。自衛隊の航空機やその搭載《とうさい》機器など、防衛に関する機器の研究開発を行います。

○ライセンス生産

たとえばF－15戦闘機《せんとうき》を開発しているボーイング社に、三菱重工が「F－15を当社でも作りたい」とライセンス使用料を払《はら》い、契約《けいやく》を結びます。そうすると、三菱重工はF－15の製造方法を教えてもらい、国産のF－15Jを製造することができます。戦闘機《せんとうき》などの生産では、この方法が取られることがあります。

## JAXA（宇宙航空研究開発機構）の技術部門

主要各国には宇宙機関があります。アメリカのNASA（アメリカ航空宇宙局）、日本のJAXA（宇宙航空研究開発機構）、ヨーロッパのESA（ヨーロッパ宇宙機関）、ロシアのROSCOSMOS（ロシア連邦《れんぽう》宇宙機関）、インドのISRO（インド宇宙研究機関）などです。各国の宇宙機関はミッションを取りまとめ、国はミッションを承認して予算を付けます。

ＪＡＸＡは惑星《わくせい》探査や地球観測などのさまざまなミッションを行っています。ドキュメント・ミニドキュメントで紹介《しょうかい》したお二人のように、技術職で宇宙エンジニアが活躍《かつやく》しています。

## ロケットを製造する重工業メーカー

三菱重工や川崎重工、ＩＨＩなど重工業メーカーが分担してロケットを開発・製造しています。

大型ロケットの開発の流れは、航空機の開発の流れとおおむね共通です。1章でインタビューしたＨ３ロケットの構造設計を担当する森井《もりい》さんの仕事は、航空機のアクチュエーターを作る堤さんの仕事と似ています。

## 人工衛星や探査機を製造するメーカー

ＮＥＣや三菱電機などの電機メーカーは、ＪＡＸＡの探査機や人工衛星の開発や運用を任されています。たとえば小惑星《しょうわくせい》探査機「はやぶさ」ミッションでは、システムの取りまとめやイオンエンジンの開発をＮＥＣが、帰還《きかん》カプセルの開発をＩＨＩエアロスペースが担当するなど、１００社以上もの企業《きぎょう》がミッションを担いました。部品単位でみると、小説『下町ロケット』（池井戸潤《いけいどじゅん》著）のように町工場の技術が宇宙開発を支えています。

## 超小型《ちょうこがた》衛星を製造するスタートアップ企業《きぎょう》

近年、「超小型衛星《ちょうこがたえいせい》」が大学や企業《きぎょう》で盛んに作られています。超小型衛星《ちょうこがたえいせい》とは、一辺10センチメートルの立方体を1ユニットとした小型の衛星です。最小単位の1ユニットのものもあれば、2〜12ユニットをくっつけたものもあります。小さいながら、宇宙から撮影《さつえい》した画像などのデータを取り、地上と通信してデータを送ることができます。

超小型《ちょうこがた》衛星ミッションは宇宙機器開発の基本となるので、くわしくみていきましょう。衛星や探査機は、外枠《そとわく》となる「バス機器」に、観測用カメラなどの観測装置《そうち》「ミッション機器」を搭載《とうさい》しています。

バス機器にはつぎのような要素があります。電力を供給する「電源系」、地上局と通信する「通信系」、宇宙機の姿勢や軌道《きどう》を制御《せいぎょ》する「姿勢・軌道制御系《きどうせいぎょけい》」、打ち上げ中や宇宙空間で熱く、または冷たくなりすぎないようにする「熱制御系《せいぎょけい》」、軽くて丈夫《じょうぶ》な骨組みをつくる「構造系」などです。それぞれの系の設計をすることを「構造設計」「熱設計」などといいます。

たとえば「推進系」のエンジニアは、エンジンの設計・製作・運用を担当します。衛星

**図表5 超小型衛星や装置の開発の流れ**

ミッションの具体化、必要な機器・スケジュールなどを考える
ブレッドボードモデルBBM（最初の試作品）を作る

⇩

基本設計→設計審査（PDR）　各部品・機器ごと

エンジニアリングモデルEM（フライトモデルに近い試作品）を作り、振動試験など様々な試験を行う
詳細設計→設計審査（CDR）

フライトモデルFM（実際に宇宙に打ち上げる機器）を作り、受入試験を行う

⇩

バス機器の要素を統合・すべてのミッション機器をバス機器に載せる
総合試験（最終確認）

⇩

打ち上げ
運用

や探査機にも、加速・減速して軌道《きどう》を変えるための推進機構がついています。推進機構には「化学推進」と「電気推進」の2種類があります。化学推進は、ロケットと同様に化学燃料を燃やしてガスを噴射《ふんしゃ》し、衛星・探査機が進むスピードや方向を調整します。もう一方の電気推進は小惑星《しょうわくせい》探査機「はやぶさ」「はやぶさ2」のイオンエンジンが代表例です。

超小型《ちょうこがた》衛星や装置《そうち》の開発の流れは図表5のようになります。系や装置《そうち》ごとに開発を行います。カメラひとつとっても、開発開始からフライトモデル（FM）の完成に至るまでは、一つひとつの過程が大変で時間がかかります。

エンジニアは各系の設計だけでなく、製作や運用も担当します。コンピューターで設計作業を行ったり、試作品を作って試験を行ったりします。ミッションの「プロジェクトマネージャー」はいくつもある系をまとめて、ミッション全体を率いる役割を担います。

衛星を打ち上げて終わりではなく、打ち上げてからが本番です。データを取ったり、衛星の姿勢を制御《せいぎょ》したりする運用を行います。

## 航空宇宙技術の発展を担う研究機関

工学の学問として、大学やJAXAの宇宙科学研究所（ISAS）などの研究機関で航空宇宙工学を研究している研究者もいます。航空宇宙工学の学問分野は細分化されていて、それぞれの研究者がいます。「航空宇宙工学」だけでなく、「機械工学」や「電気電子工学」の分野で宇宙技術を研究している研究者もいます。

宇宙エンジニアの仕事については、なるにはBOOKS『宇宙・天文で働く』（本田《ほんだ》隆行《たかゆき》著）もご参照ください。

## 航空整備士の仕事

航空機を安全に、できるだけ長く使い続けるためには、整備が欠かせません。整備の点検項目《こうもく》は「航空法」で定められています。

航空整備士はANAやJALなどの航空会社系列の整備会社で働く場合がもっとも多いのですが、ほかにもたくさんの場所で航空整備士が必要とされています。たとえばヘリコプターなどの小型航空機を所有する警察・消防・海上保安庁や、航空・海上自衛隊、自衛隊機のメーカーなどです。女性の整備士も各分野でたくさん活躍《かつやく》しています。「航空機あるところ、整備士あり」です。それぞれについてみていきましょう。

## 旅客機の整備

旅客機の整備で大きなものは、空港の駐機場《ちゅうきじょう》（エプロン）で毎運航の前後に機体を点検する「ライン整備」と、格納庫で機体を隅々《すみずみ》まで点検する「ドック整備」です。それらに加えて、エンジン整備など部品ごとの整備もあります。

ライン整備とドック整備には、飛行間点検とA〜D整備の5段階あります。整備で参照する機体の説明書（マニュアル）は英語で書かれていて、整備の記録も英語で書きます。

### ●ライン整備（運航整備）

機体が到着《とうちゃく》してからつぎに出発するまでのあいだに、機体の外部の点検、燃料の補給、タイヤ圧点検、潤滑油《じゅんかつゆ》点検などの飛行間点検を行います。また、約300時間（約1カ月）の飛行ごとに、約6時間かけてA整備（エンジン・タイヤ・ブレーキ・動翼《どうよく》関係およびそれらの収納部、胴体《どうたい》、操縦室、客室の状態点検など）を行います。A整備は最終便が到着《とうちゃく》してから翌朝までの夜間にかけて行われます。飛行時間が約1000時間になるとエンジンなどをチェックするB整備が行われます。

## ●ドック整備（点検・重整備）

機体を格納庫に入れ、自動車の車検のように定期的に機体を隅々《すみずみ》まで点検します。C整備は1～2年ごとに10日から3週間ほどかけて行われます。航空機メーカーが設けた整備項目に従って、航空機の外側から内部のシステムまですべて点検します。D整備（HMV：Heavy Maintenance Visit、オーバーホールとも呼ばれる）は5～6年ごとに約1カ月間かけて行われます。機体構造の内部検査、防錆《ぼうせい》処置、機能試験、機体の再塗《さいと》装《そう》などが行われます。エンジンのオーバーホールは格納庫ではなくエンジン整備工場で行われますが、エンジンの取り外し、取り付け、新しいエンジンの試運転は格納庫でドック整備担当者によって行われます。

# 旅客機以外の整備

## ●航空機メーカーなどの民間企業《きぎょう》

エアバス・ヘリコプター・ジャパン社や、川崎重工などの自衛隊機のメーカーが整備士を採用しています。貨物専門の航空会社である日本貨物航空、観光ヘリコプター・小型機の会社、ヘリコプターをもつ新聞社などの整備士もいます。

## ●警察・消防・海上保安庁・自衛隊

警察・消防・海上保安庁には、災害救助や巡視《じゅんし》のためのヘリコプターや小型航空機があります。整備士は、災害や事件の際には24時間いつでも飛び立てるように機体を整備・維《い》持《じ》管理します。整備士は整備業務だけでなく、災害時にヘリコプターに搭乗《とうじょう》して人命救助や消火活動などの搭乗《とうじょう》業務も行います。

陸上自衛隊・海上自衛隊・航空自衛隊はそれぞれ航空機を持っているので、各隊に整備士がいます。整備の仕事だけではなく、災害時などには自衛官として現場に向かうこともあります。

警察・消防・海上保安庁・自衛隊では整備士にも搭乗《とうじょう》業務があるので、機体の整備をしたいというだけではなく、「人を助けたい」という思いがあって志望する人が多いようです。

ミニドキュメント 1 宇宙機開発研究者

JAXA提供

# 宇宙探査の新技術の研究開発

宇《う》宙《ちゅう》航《こう》空《くう》研《けん》究《きゅう》開《かい》発《はつ》機《き》構《こう》（JAXA）
本《ほん》田《だ》さゆりさん

## 配線を使わずに送電する

宇宙機には、多くの機器が搭載《とうさい》されています。内部には電源とそれらをつなぐ多くの配線が張りめぐらされています。配線があると、それだけで相当な重さになるのと、配線の配置を考える必要もあるので、宇宙機の設計が難しくなります。

本田さんはJAXAの研究開発部門で、配線を使わずに電磁誘導《ゆうどう》の仕組みで電気を送り、宇宙機をワイヤレス化する技術「無線電力伝送」の研究をしています。研究開発部門は、将来の宇宙利用に向けた研究開発を行う部署で、本田さんはそのなかの第一研究ユニットで電源系の技術を担当しています。

ワイヤレス化することで宇宙機の設計の制

料金受取人払郵便

本郷局承認

6756

差出有効期間
2026年5月31日
まで

郵便はがき

113-8790

（受取人）
東京都文京区本郷1・28・36

株式会社 ぺりかん社

一般書編集部行

| 購入申込書 | | ※当社刊行物のご注文にご利用ください。 |
|---|---|---|
| 書名 | | 定価［ 円+税］<br>部数［ 部］ |
| 書名 | | 定価［ 円+税］<br>部数［ 部］ |
| 書名 | | 定価［ 円+税］<br>部数［ 部］ |

| | | |
|---|---|---|
| ●購入方法をお選び下さい（□にチェック） | □直接購入（代金引き換えとなります。送料+代引手数料で900円+税が別途かかります）<br>□書店経由（本状を書店にお渡し下さるか、下欄に書店ご指定の上、ご投函下さい） | 番線印（書店使用欄） |
| 書店名 | | |
| 書 店<br>所在地 | | |

書店様へ：本状でお申込みがございましたら、番線印を押印の上ご投函下さい。

※ご購読ありがとうございました。今後の企画・編集の参考にさせていただきますので、ご意見・ご感想をお聞かせください。

アンケートはwebページでも受け付けています。

URL http://www.perikansha.co.jp/qa.html

| 書名 | No. |
|---|---|

●この本を何でお知りになりましたか?

□書店で見て　□図書館で見て　□先生に勧められて
□DMで　□インターネットで
□その他 [　　　　　　　　　　　　]

●この本へのご感想をお聞かせください

・内容のわかりやすさは?　□難しい　□ちょうどよい　□やさしい
・文章・漢字の量は?　□多い　□普通　□少ない
・文字の大きさは?　□大きい　□ちょうどよい　□小さい
・カバーデザインやページレイアウトは?　□好き　□普通　□嫌い
・この本でよかった項目 [　　　　　　　　　　　　]
・この本で悪かった項目 [　　　　　　　　　　　　]

●興味のある分野を教えてください (あてはまる項目に○。複数回答可)。
また、シリーズに入れてほしい職業は?

医療　福祉　教育　子ども　動植物　機械・電気・化学　乗り物　宇宙　建築　環境
食　旅行　Web・ゲーム・アニメ　美容　スポーツ　ファッション・アート　マスコミ
音楽　ビジネス・経営　語学　公務員　政治・法律　その他
シリーズに入れてほしい職業 [　　　　　　　　　　　　]

●進路を考えるときに知りたいことはどんなことですか?

[　　　　　　　　　　　　]

●今後、どのようなテーマ・内容の本が読みたいですか?

[　　　　　　　　　　　　]

| | | | |
|---|---|---|---|
| お名前 | ふりがな<br>[　　歳]<br>[男・女] | ご職業・学校名 | |
| ご住所 | 〒[　　　－　　　]　TEL.[　　－　　－　　] | | |
| お買上書店名 | 市・区<br>町・村　　　書店 | | |

ご協力ありがとうございました。詳しくお書きいただいた方には抽選で粗品を進呈いたします。

約が減り、まったく新しい概念《がいねん》で設計できるようになると期待されています。その第一歩として現在、月面を走行する探査機（ローバー）をワイヤレス化する研究に取り組んでいます。

「電磁波はほかの機器に影響《えいきょう》を与《あた》え、計測のノイズ源になったり、ほかの装置《そうち》の誤作動を引き起こしたりするので、基本的に宇宙機に搭載《とうさい》する装置《そうち》はできるだけ電磁波を発しないように作ります。みずから電磁波を発しながら電磁誘導《ゆうどう》で電気を伝えるこの技術は、本質的に宇宙機と相容れず、まだ無線電力伝送を宇宙で行った事例はありません。そこで、まず地上での試験を通じて無線電力伝送の問題点を明らかにし、そのうえで電磁波を遮蔽《しゃへい》する材料の使用や電気回路の改良などにより、不必要な電磁波の放出を抑《おさ》え込む研究を進めています。この研究はＪＡＸＡだけではなく、大学や民間企業《きぎょう》と協力して実施《じっし》しているものです。無線電力伝送ができるようになれば、宇宙機は飛躍的《ひやくてき》に進化します」

本田さんは近い将来の探査機、たとえば月の南極を探査するローバーにこの技術を搭載《とうさい》して、まずは一つ成功例をつくることをめざして研究しています。

「電源はまさに〝宇宙機の心臓部〟です。月面ローバーなら、真空で重力が小さく、夜のマイナス170℃の超低温《ちょうていおん》の環境《かんきょう》でも、絶対に壊《こわ》れずに動くように作らないといけません。〝宇宙環境《かんきょう》が過酷《かこく》だ〟とは知識として知っていましたが、地球では起こらない事態が宇宙環境《かんきょう》では起こるということを実感しています。たとえば、金属同士が擦《す》れ合《あ》うと、大気中では傷がすぐに酸化するのでくっつきませんが、真空中ではくっついてしまいます。そんなことが起こると、やってみてはじめて知りました。宇宙環境《かんきょう》を想定した試験で起こる事態に一つひとつ対処します」

## 早めに、定期的に人に相談する

本田さんは、週2日ほどはリモートワークで、JAXAの筑波《つくば》宇宙センターに出勤する日は主に実験室で装置《そうち》の回路を作ったり、装《そう》置《ち》の試験をしたりしています。試験の期間は1カ月ほど試験にかかりきりになります。

「先日、熱真空試験を行いました。探査機を模擬《もぎ》した機械にバッテリーや回路を組《く》み込《こ》み、それをマイナス170℃の真空環境《かんきょう》下《か》に置きます。太陽電池パネルと探査機本体が配線でつながった構造をとるこれまでの探査機と、無線電力伝送で太陽電池パネルと探査機本体が独立した構造をとる新提案の探査機とで、外に漏《も》れる（リークする）熱量を比較《ひかく》しました。この試験によって、無線電力伝送のほうが熱リークが減ることが証明されました。無線電力伝送は、配線をなくすことで熱の通り道もなくなるので断熱性能が上がるという効果もあるのです。また真空環境《かんきょう》で、金属に囲まれた空間内に設置されたバッテリーに、無線電力伝送で充電《じゅうでん》を行うことにも成功しています」

## エンジニアに男女の差はない

本田さんには、現在4歳《さい》と2歳《さい》の2人の子どもがいます。

「出産の前後は1年間の産休・育休を取りました。でもそれ以外の面では、ふだん仕事をするうえで男女の差や有利・不利を感じたことは、私はほとんどありません。人によって意見は分かれるかもしれませんが、エンジニアとしてチームで働くうえで、〝女性だからできないこと〟も、逆に〝女性にしかできないこと〟も特にないと思います。重い装置《そうち》を運ぶこともありますが、それは男性でも危険なので、一人でやるべきことではありません。男女関係なく、知識と経験を地道に積み重ね、一人でできないことはチームで協力する姿勢が大事だと思います。企業《きぎょう》や研究所などで働くエンジニアの女性たちと話す機会もありますが、みなさん自分らしく働いている印象を受けます」

熱真空試験に向けての準備の様子。準備した供試体を熱真空チャンバ内にセッティングしているところ　JAXA提供

ＪＡＸＡは勤務時間を複数のパターンから選べたり、家で仕事ができたりと、子育てをしながら働きやすい環境《かんきょう》が整っているそうです。

「リモートワークだと子どもを保育園に迎《むか》えに行く時間ぎりぎりまで仕事ができるなど、さまざまな面で助かっています。それは先輩《せんぱい》たちが、自分たちがやりにくかったことや困ったことを改善しようと動いてくださったからだと思うので、とても感謝しています」

## 自分の研究を人に伝えたい

本田さんは小さいころから動物が好きで、高校2年生ごろまでは獣医《じゅうい》になりたかったそうです。

「高校の生物か物理かの授業選択《せんたく》で、獣医《じゅうい》をめざすなら当然生物を選択《せんたく》するべきなのですが『物理を選択《せんたく》しておいたほうが、進路の選《せん》択肢《たくし》が増える』と兄や先生からのアドバイスを受け、物理を選択《せんたく》しました。そうして物理をやってみたら、おもしろかったのです。お菓子作りや工作も好きだったので、工学部に行ってみようかなと新たな道がひらけました」

本田さんは東京大学の理科I類に入学し、工学部の電気電子工学科に進学しました。

「大学2年生で学科を選択《せんたく》する時、ものづくりはしたいけれど、実はまだ『これを作りたい』という具体的なビジョンがありませんでした。そのため、将来いろいろな方向に進めそうな電気電子工学科を選択《せんたく》しました。宇宙関連の研究をしたいという気持ちもまだなかったのですが、宇宙科学研究所（宇宙研）の研究室に見学に行ったところ、ちょうど小惑《しょうわく》星《せい》探査機『はやぶさ』が地球に帰還《きかん》して、宇宙研がとても盛《も》り上《あ》がっていたのです。小惑《しょうわく》星《せい》に行って岩石を採取してくることがほんとうにできるんだな、すごいなと感じ、宇宙探査の研究をしている久保田《くぼた》孝《たかし》先生の研究室に入りました」

本田さんは大学院修士課程では、月面のようなデコボコの地面を走るローバー開発の研究を行いました。修士1年生の秋には、秋田《あきた》県能代《のしろ》市で行われた宇宙のイベント「銀河フエスティバル」に研究室で参加し、来場者の前で自分たちが作ったローバーを走らせました。

「大学院生の私たちが、人前でローバーを見せながら説明する機会をいただきました。『岩がごろごろ転がっている地面の上でも走れるように、車輪を大きくしたり、ローバー自身がカメラで見て走行ルートを選べたりするようにしたんですよ』と工夫した点を直接伝えることができました。これから技術職をめざすとしても、実験室にこもるだけではなく、こんなふうに自分で研究を伝えたい、人と話す機会を大事にしたいと思いました。JAXAは事業所の一般《いっぱん》公開などを行っていますし、技術職でもそのような機会があると聞き、JAXAの採用試験を受けたところ、幸いにも内定をいただきました」

研究の一方で、日本の武道の一種である躰《たい》道《どう》部《ぶ》の部活動にも熱心に取り組んだそうです。

「1年生から4年生まで、部員一丸となって日々の練習や大会に臨んでいました。全国大会で優勝することを目標にし、どうやってその目標を達成するかを全員で考えました。今の仕事でも、探査機の打ち上げという一つの目標に向かってチームで取り組んでいるので、この経験が活きています」

## 選択肢《せんたくし》を多く、仲間も大事に

本田さんは入職してから半年間の研修期間に、三つのミッションに参加しました。観測ロケットS－520の打ち上げ、北海道大樹《ほっかいどうたいき》町での大気球実験、そして金星探査機「あかつき」です。

「観測ロケットは小型のロケットで、ロケット自身が宇宙空間の高度300キロメートルくらいまで上がり、落下するまでのあいだにさまざまな観測を行うものです。私は電源班として、ロケットに搭載《とうさい》されているバッテリーをはじめとした電源系統の運用にかかわらせていただきました。私が参加したのは、ロケットに搭載《とうさい》する観測機器とロケット本体との嚙《か》み合《あ》わせ試験から打ち上げ後の報告会までと短期間でしたが、ロケットが無事に打ち上がった時には感激《かんげき》しました。自分がかかわったものが形になって宇宙に飛んでいく時は、とてもやりがいを感じます」

あかつきは5年越《ご》しに金星軌道《きどう》投入に再《さい》挑戦《ちょうせん》し、日本ではじめて惑星《わくせい》周回軌道《きどう》投入に成功したミッションでした。

「あかつきには私は半年ほどしか参加していませんが、何年もかかってついに成功して喜んでいる研究者たちのようすが忘れられません。あかつきは現在も金星を周回していて、私もその成果にずっと注目しています。自分がかかわったミッションはもちろん、仲間の成果が形になった時もうれしいです。最近は小《しょう》惑星《わくせい》探査機『はやぶさ2』のニュースにJAXAの同期が出ていて、自分のことのように誇《ほこ》らしく、私もまたがんばろうと思いました」

最後に読者のみなさんへのメッセージをいただきました。

「私は『これがしたい』ではなく、『つぶしがきくから』という理由で電気電子工学科に進みましたが、結果的にはそれが今につながりました。高校で物理を選択《せんたく》した時もそうでしたが、『迷ったら、選択肢《せんたくし》が増えて可能性が広がるほうを選ぶ』というのもひとつの手

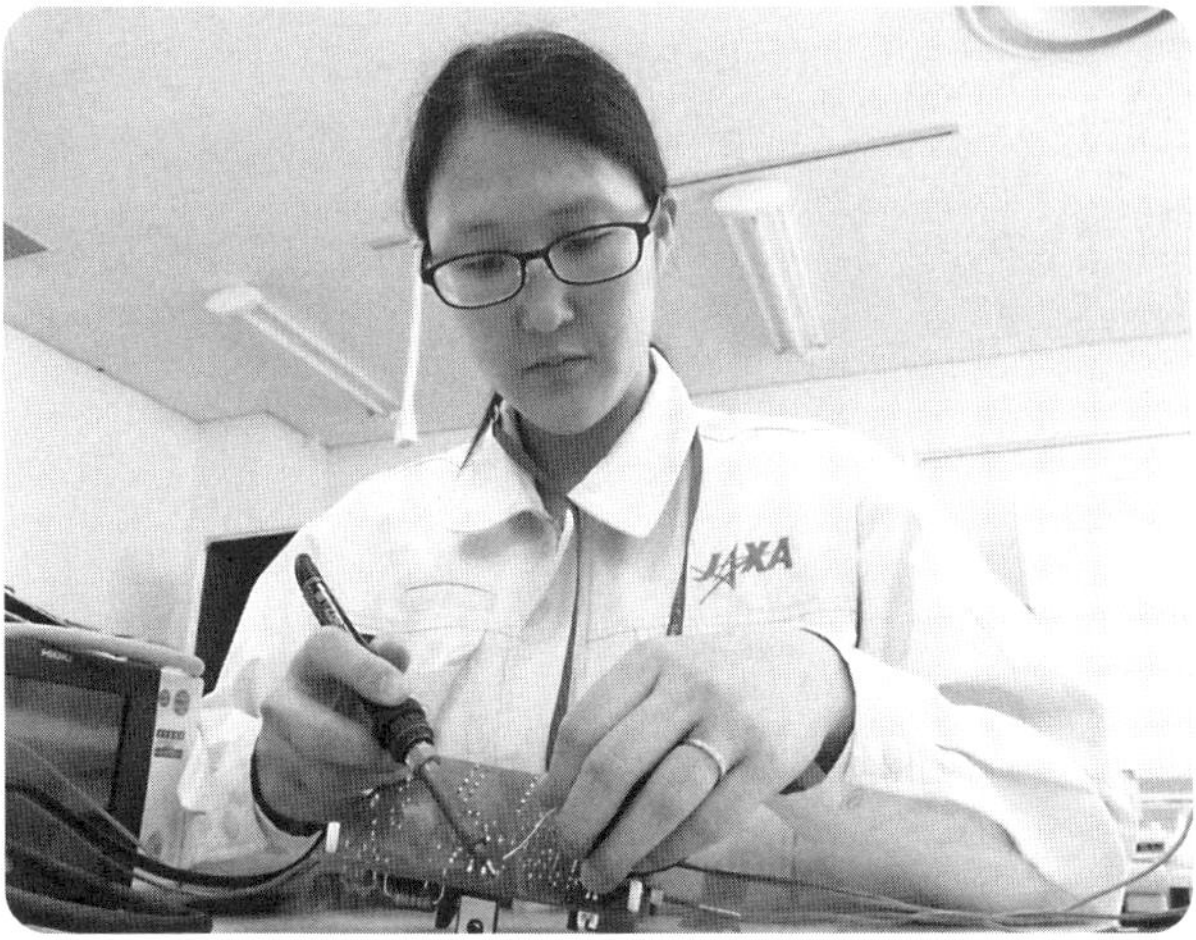

ふだんの業務の様子。設計した無線電力伝送回路を実際に作製しているところ　JAXA提供

だと思います。一つのことだけでなくほかのこともやってみると、『こっちもいいな』と新たな可能性を得られたり、『やっぱりこれでいきたい』と気付けたりします。試しに目の前のことに一生懸命《けんめい》に取り組んでみてくださいい。また、人と直接会わなくても仕事はできるのですが、同僚《どうりょう》といっしょにランチをしながら話をすると、リフレッシュしたり新たなアイデアが浮《う》かぶこともあり、人とのつながりは大事だなと感じます。チームで一つの目標に向かって取り組む部活動などの経験や、友だちとの人間関係も大事にしてください」

ミニドキュメント 2 小型人工衛星のエンジニア

# 20年間、小型衛星開発の最先端を走るエンジニア

株式会社アクセルスペース
居《い》相《あい》政《まさ》史《ふみ》さん

## 民間の小型衛星事業のさきがけ

アクセルスペースは「小型衛星」を開発・運用し、データ提供をしている会社です。主に100キログラム程度、一辺が1メートル以下の地球観測衛星を作っています。東京駅に程近い日本橋《にほんばし》にあるオフィスは、外から見るとふつうのビルですが、この2階には精密機械を作る作業場であるクリーンルームがあり、そこで衛星が作られています。

最近では、小型衛星事業などのいわゆる「宇宙ビジネス」を手がける民間企業《きぎょう》も増えてきましたが、アクセルスペースはそのさきがけです。気象情報を提供する企業《きぎょう》やJAXAからの依頼《いらい》を受け、今までに9機の地球観測衛星を作って打ち上げ、運用しています。

居相さんは2011年から同社の衛星の設計・製作を主導しているエンジニアです。

「私が入社した当時は10人にも満たないくらいの小さな会社でした。今では、衛星が送ってくるデータを解析《かいせき》する人も含めて、エンジニアだけで70人もいます。その約3割は外国人です。この10年ほどでずいぶんにぎやかになりました」

## 大学で超小型《ちょうこがた》衛星開発プロジェクトに参加

居相さんは東京都の出身で、近所のプラネタリウムに通うなど宇宙にも興味をもち、宇宙飛行士になりたいとも思っていました。また、小さいころにテレビで見たロボットコンテストに魅了《みりょう》され、高校卒業後はロボコンに強い東京工業大学に進学しました。

「ロボットと宇宙の両方を学べる機械宇宙学科に入学しました。ロボコンにも引き続き興味はあったのですが、大学4年生の時に超小型《ちょうこがた》衛星を作っている研究室があると知り、その扉《とびら》を叩《たた》きました」

当時（2000年）、東京工業大学と東京大学の研究チームが、キューブサットと呼ばれる一辺10センチメートル四方、重さ1キログラムの立方体型のごく小さな衛星を作り始めていました。居相さんはそのうち「CUTE－I（キュートワン）」を作った松永三郎教授のチームの一員です。

「実は私が所属していたのは別の研究室でした。自分の研究室での研究をちゃんとやって、夕方以降に松永先生のプロジェクトに課外活動として顔を出すなら問題ないだろうと思い、特に指導教官の先生に許可をとらなかったのですが、ある日、指導教官に説明を求められました。でも反対されたわけではなく、先生の方が許可する理由を探していて、所属研究室以外で研究をしているのではないことを確認したいんだなと感じました。自分がやりたいことをやるためには、相手の都合を理解して、相手が同意しやすいように説明することが重要だと学びました」

このプロジェクトチームのメンバーは10名ほどで、居相さんは主に衛星の姿勢計測の電子回路と解析《かいせき》プログラムの作成を担当しました。

2003年6月に、東工大の「CUTE－I」と東大の「XI－IV（サイフォー）」が、ロシアの宇宙基地から同時に打ち上げられ、世界ではじめてキューブサットの打ち上げと地球との通信に成功しました。

打ち上げが成功した時は、さぞうれしかっただろうと思いきや、意外な答えが返ってきました。

「打ち上げが成功してから、心配事が続くのです。衛星がロケットから切《き》り離《はな》されてから、衛星が正常に動作するかを順番に確認していきます。自分の担当した機能が動くのを確認するまでは怖《こわ》さがあります。打ち上げ後の衛星の運用は、たとえるなら運動会の大玉送りのようなものだと思っています。自分の前の人から送られてきて、自分の上に来たら、落とさずにつぎの人に送る。落としてしまったら、つまり自分の担当部分で問題が起きてしまったら大変です。急いで対応に取《と》り掛《か》かります。大玉が自分の後ろのほうへ転がっていった時にやっと安心できます」

ここから20年にわたる居相さんの衛星エンジニア人生がスタートしました。

大学でキューブサットのプロジェクトに参加したことがきっかけで衛星エンジニアになった居相さん

そして、のちにこの時の東工大と東大のチームのメンバーが中心となって、２００８年に株式会社アクセルスペースを設立します。居相さんも留学を経て、これに合流することになります。

## 留学先でたくさんの経験を積む

居相さんには2度の留学経験があります。最初は大学院修士課程の時のイランのシャリフ工科大学への留学、２度目はアメリカ・ミズーリ大学への博士《はくし》課程留学です。

一度目はなぜ英語圏《えいごけん》でなくイランだったのでしょう。留学のきっかけは、居相さんが大学院に進学して間もないころ、東工大の研究室に来ていたイランの研究者から、「誰《だれ》かイランに来て研究をしないか」と誘《さそ》いがあったことでした。

「大学院生になり、日本の大学院でこのまま研究を続けるだけでいいのか、このままでは何かが足りないと思っていました。行き先がイランというのもめずらしい事例で、ユニークな機会だなと思いました」というのも、実は過去にチャンスを逃《のが》して後悔《こうかい》していた出来事がありました。

「高校の時に学校の先生から、『早稲田《わせだ》大学で開催《かいさい》される高校生向けの数学・物理の勉強会に参加してみないか』と声をかけてもらったのですが、なんとなく断ってしまって、もったいなかったなと思っていたのです。機会を逃《のが》すと後悔《こうかい》することはわかっていたので、今度はこの機会に乗ってみよう、と留学する決心をしました」

居相さんは1年2カ月間、イランの首都テヘランにあるシャリフ工科大学に交換《こうかん》留学し、人工衛星の姿勢を変える新しい方法を研究して修士論文を書きました。

「留学するまでは英語は得意ではありませんでした。でもなじみのないペルシャ語の世界では英語が書かれていると安心するんですよね。英語は必然的に上達しましたし、入学の手続きなど〝留学の仕方〟がわかりました。それでつぎのアメリカ留学への道も開けました」

二度目は、ミズーリ大学ローラ校（現ミズーリ科学技術大学）に5年間留学しました。月の表面を覆《おお》う砂のことをレゴリスといいますが、これをショベルカーのような掘削《くっさく》機械で掘《ほ》る場合のレゴリスの強度を調べる研究をし、博士号《はくしごう》を取得しました。この研究のほか、課外活動でNASAが主催《しゅさい》するロボットコンテストに参加したことが特に思い出に残っているそうです。どんなことだったのでしょう。

「渡《と》米《べい》してすぐに、ＮＡＳＡが『Regolith Excavation Challenge』という月面のレゴリスを掘《ほ》るロボットのコンテストを開催《かいさい》することを知り、参加したいと思いました。すぐに大学の課外活動への参加規則を調べ、大学のロボティクスクラブからメンバーを募《つの》ることにしました。クラブの部長に掛《か》け合《あ》ってミーティングで話す時間をもらい、クラブのメンバーの前でやりたいことを説明しました。『３人以上仲間が集まったら始めたい』と言ったところ、その場で４、５人から手があがり、プロジェクトをスタートできました。その後、自分たちでお金を出したり、学内資金を獲得《かくとく》したりして、掘削《くっさく》ロボットを完成させました。作ったロボットを小型トラックに載《の》せて、ミズーリ州の大学からカリフォルニア州サンタマリアまで３０００キロメートル近い道のりを交代で運転して運び、『Lunar Miner』というチーム名でコンテストに参加しました。事前登録した十数チームのうちロボットを完成させて当日参加できたのは４チームでした。掘削《くっさく》したレゴリスを所定の箱に入れて量を競いました。私たちのロボットは掘削《くっさく》はしたのですが、箱に届ける前に故障して止まってしまいました。結局、全４チームとも箱に入れたレゴリスは０キログラムで、勝者なしという結果でした」

　しかし、自分でプロジェクトをスタートさせ、最後まで成《な》し遂《と》げた経験は大きな自信になったそうです。これには単に〝友だちとロボットを作った〟ということ以上の意味があります。〝自分で思い立って、大学の規則を調べ、プロジェクトの進め方の戦略を練り、仲間を集め、モノを作り、競技に参加した〟という、プロジェクト全体を実現したのです。「英語でもこれができたのは、東工大でキューブサットなどのプロジェクトを始めた経験があったからで、東工大で無意識のうちにそういう教育を受けていたんだなと思いました」

ふり返ると、指導教官に頼《たの》んで松永先生のプロジェクトに参加させてもらった時から今の仕事に至るまで、自分がやりたいことを頭の中で組み立て、人に説明して認めてもらうことが必要な場面が多々あった、と居相さんはふり返ります。

## 衛星プロジェクトのマネジメント

居相さんは、現在、量産型の汎用《はんよう》衛星を開発するプロジェクトのマネージャーをしています。多様なミッションに対応できる汎用《はんよう》衛星を量産し、顧客が宇宙で実現したいミッションを載《の》せて打ち上げる「アクセルライナー」という新しいサービスを始めようとしているのです。これまでは、それぞれの顧客《こきゃく》の依頼《いらい》を受けてからオーダーメイドで衛星を作っていましたが、この体制によって多くの依《い》頼《らい》に応えることができるようになります。

その前にはJAXAの「革新的衛星技術実証1号機」ミッションの主衛星「RAPISー1（ラピスワン）」のプロジェクトマネージャーを務めました。革新的衛星技術実証ミッションは、企《き》業《ぎょう》や大学などが開発した機器《き》や超《ちょう》小《こ》型《がた》衛星などを打ち上げて、地球周回軌道上《どうじょう》で実験を行うミッションです。1号機は2019年にイプシロン4号機で打ち上げられました。7つの機器を載《の》せたRAPIS－1は、JAXAがスタートアップ企業《きぎょう》に衛星の開発と運用の両方を任せた初の事例です。

「プロジェクトマネージャーの役割は、全体として目的が達成できるように何とかすることです。RAPIS－1に搭載《とうさい》された7つの機器を作った大学や企業《きぎょう》の実験目的を達成することがプロジェクトの目的です。そのために、アクセルスペースが衛星本体と運用システムを開発します。これを社内の20名程度のエンジニアで分担するわけですが、各担当だけで対応できないさまざまなことを解決するのがプロジェクトマネージャーです。結果的にはスケジュール調整が多かったと思います。たとえば、トラブルが起きた時のスケジュールの組み直しの時には、トラブルの内容を理解し、担当者といっしょに対策を検討し、ス

社内で執務中の居相さん

ケジュール案を作り直し、ＪＡＸＡ側へ説明して了承《りょうしょう》を得ました。込《こ》み入《い》った実験計画が必要な場合もあり、社内のエンジニアといっしょに頭をしぼりました」

エンジニアは全員が宇宙工学を専門的に学んできた人たちなのでしょうか。

「宇宙というのは単に〝場所〟であって、そこで利用するシステム、たとえば人工衛星を開発するには、機械・電気・情報（ソフトウエア）などさまざまな専門知識をもつエンジニアの協力が必要なんです。アクセルスペースに来てはじめて宇宙関連の開発をする人も多くいます」

## 少人数でスピード感のある仕事

アクセルスペースの衛星開発は、従来のＪＡＸＡの衛星開発と何が違《ちが》うのでしょうか。

「衛星本体は打ち上げたら修理できませんが、プログラムは打ち上げた後でも衛星と通信して書《か》き換《か》えることができます。だから私たちは、まず書《か》き換《か》えできない部分に優先して取り組み、書《か》き換《か》えできる部分は打ち上げ後に修正してもよい、という方針です。何かうまくいかないことがあれば、すぐにメンバー同士で相談して対応していきます」

一方、ＪＡＸＡのプロジェクトでは、どうなのでしょうか。

「ＪＡＸＡは国のお金を使っているので絶対に失敗できないということもあり、最初からやり方を全部決めておかないといけません。小さなことでも、失敗すること自体を回避《かいひ》する傾向《けいこう》があると思います。失敗しないために、それ以前の手順や作業をさかのぼって、あらゆる箇所《かしょ》で確実さを高めようという考え方です」

ＪＡＸＡでもプログラムの変更《へんこう》は可能ですが、その時の事前確認作業はあらゆる不安要素を払拭《ふっしょく》するように行われる、と居相さんは言います。

「それに対してアクセルスペースでは、重要な点について事前確認をした上で、問題が起きたら、変更前《へんこうまえ》のプログラムに戻《もど》せばだいじようぶ、という考えで進めます。こういった違《ちが》いから、小規模なチームでスピード感のある仕事ができるのだと思います」

## やらない理由より、やる理由を探して

最後に、航空宇宙エンジニアをめざす人へのメッセージをうかがいました。

「航空宇宙エンジニアになるための最短ルートとして何をすればよいかが気になると思いますが、これをやればいい、これをやらないと困るというものはないように思います。決まった道があると思わず、また学問分野の名前にとらわれず、自分の興味に任せて多くのことを学んでください。学校で決められたカリキュラムや、人から与《あた》えられるのを待つだけではなく、自分で機会やテーマを見つけて学ぶことが大事です。特にプロジェクトを自分で推進する経験には価値があると思います。ただし、経歴として一貫性《いっかんせい》が感じられるように、それらのあいだのつながりは考えておき、ほかの人に説明できるといいです。めずらしい機会を得られたら、〝やらない理由〟よりも〝やる理由〟を考えて挑戦《ちょうせん》してみてください」

ミニドキュメント 3 航空整備士

# チームワークで安全な運航を支える

編集部撮影

ANAベースメンテナンステクニクス株式会社
保《やす》田《だ》勝《しょう》治《じ》さん

## 航空機を1カ月かけてくまなく点検

オフィス棟《とう》から整備場につながるドアが開くと、すぐ目の前に巨大なジェット機が停まっていました。航空機を地面から間近に見上げると、空港で見るよりも大きく感じます。航空整備士の保田さんの職場は、羽田《はねだ》空港のすぐ近くにある、ドックと呼ばれる広大な格納庫で、第一格納庫に7機、第二格納庫に3機の航空機が入ります。

航空機を毎日安全に運航するために2種類の整備が行われています。毎回の運航前後に空港で行われる「ライン整備」と、航空機を格納庫に入れて機体全体を点検し修理する「ドック整備」です。保田さんはこのドック整備を担当しています。どんな仕事なのでしよう。

「この格納庫では『C整備』という定期整備を行います。2年に1度、2～3週間かけて、航空機メーカーが設けた整備項目《こうもく》に従って、航空機の外側から内部のシステムまですべて点検します。私は主にエンジンの交換《こうかん》作業を担当しています」

エンジンは、航空機の重要な部品の一つで、飛行時間によって定期的に分解整備（オーバーホール）する必要があります。エンジンのオーバーホールは格納庫ではなく、エンジン整備工場で実施《じっし》しますが、格納庫で機体から取り外す必要があります。その後、オーバーホールが終わって戻《もど》ってきたエンジンを機体に取り付け、地上で交換後《こうかんご》に試運転を実施《じっし》します。

「私はエンジンの取り外し、取り付け、そして試運転までの一連の作業を専門に担当しています。ここは扉《とびら》が開いていて外と同じ気温なので、夏は暑くて冬は寒いのが体に応えますね。夏は作業着の色が変わるくらい汗《あせ》をかくので、昼休みに一度着替《きが》えます」と保田さんは笑いながら話してくれました。

## 会社員から航空整備士になる

愛知県《あいちけん》江南市《こうなんし》で育った保田さんは、小さいころから電車や飛行機が好きだったそうです。中学生の時に、名古屋《なごや》空港で開催《かいさい》された青少年航空教室に参加して、格納庫で整備士が仕事をしているようすを見たことなどをきっかけに、整備士になりたいと思い始めました。

高校は普通科《ふつうか》の理系コースに進学。大学と整備士の専門学校を両方受験して両方に合格しました。専門学校に進学して整備士に最短経路で向かうこともできましたが、まずは幅《はば》広《ひろ》く工学を学びたいと考え、4年制大学の工学部の電気系の学科に進学しました。大学を卒業すると愛知県内の電気系の企業《きぎょう》に就職しましたが、整備士への夢《ゆめ》をあきらめきれず、航空整備科のある千葉《ちば》の職業能力開発短期大学校へ進学することを決意しました。

この短期大学校では卒業後に整備士として働くことを前提に、2年間で集中的に整備士に必要な知識を習得します。「二等航空運航整備士」の国家資格も在学中に取得できます。

「高校卒業後すぐに航空整備士の学校に入学する人もいますが、私が通っていた短期大学校には、大学卒業後に入学する人や、私と同様に社会人を経て入学する人もいました。就職活動は短期大学校に来た求人票を見て応募《おうぼ》するのですが、航空会社の整備士が多かったです。入社後、ほかの専門学校を卒業した同《どう》僚《りょう》と話すなかで知ったのですが、学校によっては航空機メーカーからの求人もあったようです」

## いくつも資格取得する必要がある

保田さんはこの短期大学校を卒業後、ANAベースメンテナンステクニクスに就職しました。さまざまな経路で入社する人がいますが、全員がまずは1年かけて整備の基礎《きそ》について座学と実技の訓練を受けます。実技訓練の中で、現場で先輩《せんぱい》といっしょに仕事をしながら知識と技量を増やし、機体で簡単な作業ができるように社内資格を取得します。その後も先輩《せんぱい》に教わりながら日々の業務を行い、できる作業を増やしていきます。

「整備士はほかの仕事よりも一人前になるの

ANA の格納庫。保田さんはここでジェットエンジンの取り外し、取り付け、試運転などを担当している
編集部撮影

に時間がかかると思います。ほかの仕事では1年もすればひと通りのことはできるようになるかもしれませんが、整備士は航空機に触れるまでに1年かかりますから。その後も日々の仕事を覚えることに加えて、国家資格や社内資格の取得に向けて勉強することがたくさんあります」

保田さんは入社4年目に一つ目の一等航空整備士の国家資格を取得しました。機体の種類ごとに資格が必要なので、何個も一等航空整備士の資格を取得する必要があります。一等航空整備士は取得が難しい資格で、ANAベースメンテナンステクニクスの全整備士のうち、有資格者は4人に1人ほどです。

「航空整備士の資格試験には、学科試験と実地試験があります。実地試験には、整備の作業がきちんとできるかをみられる実技試験だけではなく、試験官に作業内容などを説明する口述試験もあります。二つ目以降は要領がわかるのですが、一つ目の資格を取る時がいちばん大変です」

## 整備はチームプレー

試験の時だけではなくふだんの仕事でも、人前で話したり、ほかの人にわかりやすく説明したりする能力が整備士には必要だそうです。航空機の整備を行うときは、必ず複数名でチームを組みます。チームのメンバー編成はその日の作業内容と、それを行うのに必要な有資格者の人数によるため、日によって違《ちが》います。少ない時は3人ですが、エンジンやランディングギア（着陸装置《そうち》）の交換《こうかん》などの大がかりな作業は最大15人で行います。

大型機の整備はチームプレーです。機械としての航空機が好きで整備士になる人は多いのですが、実は整備士は航空機とだけ向き合えばいいわけではないといいます。

「人とのコミュニケーションがとても大事です。コミュニケーション不足は作業中の事故にもつながります」

航空機を利用するお客さまの安全はもちろんですが、整備士の作業中の安全にも細心の注意を払《はら》っています。

「翼《つばさ》についているフラップや、胴体《どうたい》についているランディングギアの交換《こうかん》作業はとても大きな部品を取《と》り扱《あつか》い、かつ重量物であるため危険をともなう作業となります。作業を始める前には、これから誰《だれ》が何をやるのか、どこまでやるのかなど作業内容をチーム全員で共有します。整備中は使った工具を機内に置き忘れていないか、工具の数の確認を作業の節

ランディングギアの交換作業ではとても大きな部品を取り扱う　編集部撮影

目で必ず行っています」

このようにチームでコミュニケーションをとりながら、かつマニュアルに従って、〃整備の質と安全〃を維持《いじ》します。油を差したり、ネジをひとつ締《し》めたりするだけでも「いつもと同じ感覚だな」「あれ？　いつもと違《ちが》う音がするぞ」など五感を使っていろいろなことを考えながら行うそうです。

「これは簡単なことではないからこそ、交換《こうかん》作業後の作動チェックで正常に動くことを確認した時には、やりがいを感じますね」

## 時間は大切、安全はもっと大切

仕事で印象に残っていることを教えてもらいました。

「航空機の重量・重心位置の測定作業に失敗したことがあります。航空機を傾《かたむ》けて燃料をすべて抜《ぬ》き、航空機本体だけの重量を計らなければいけないのですが、航空機を傾《かたむ》ける時の私の確認ミスで燃料が抜《ぬ》け切《き》れておらず、正しく測定ができませんでした。ほぼ一日かかる作業がやり直しになって、チームに迷惑《めいわく》をかけてしまいました。ここを逃《のが》すと後戻《あともど》りできなくなるポイントがあります。それを絶対に見逃《みのが》さないように、事前に何度もマニュアルを読み込《こ》み、最終確認を怠《おこた》らないことをそれからは心がけています」

　ほかにも、整備士として保田さんが意識していることは〝守るべきことは守る〟ということです。

「整備項目《こうもく》は航空法で決められているので、〝決められたルールを守る〟こと。また、航空機の運航スケジュールに間に合わせなければいけないライン整備ほど、ドック整備には時間の制約はありませんが、ふだんの生活から〝時間を守り、遅刻《ちこく》をしない〟ことが大事です」

　もしも、作業が時間にどうしても間に合わない時はどうするのでしょう。

「正直であることも大事です。もし期限までに作業が終わらないかもしれないと思った時には、正直に報告し、スケジュールを遅《おく》らせます。間に合わせるために整備を適当に済ますわけにはいきません。時間よりも安全が優先です」

## 経験を積んだ今だから言えること

　保田さんが整備士になって、20年近くが経ちます。基本的にはマニュアルに従って整備を行いますが、経験を積むと、作業にかかる時間が読めるようになったり、ここをこう修理すればいいなとわかるようになったりしてきたそうです。

「ボーイング787のエンジン交換《こうかん》の作業工程を工夫して作業時間を大幅《おおはば》に短縮でき、日《に》本航空技術協会《ほんこうくうぎじゅつきょうかい》からチームが表彰された時は、自分の今までの経験を活かせたなと思い、うれしかったですね」

保田さんはこうした日々の工夫と経験を積み重ねています。

「新しい航空機がどんどん開発されますし、そのたびに資格も取らなければいけないので、ずっと勉強し続けていくことが時に苦しく感じることもあります。だからこそ、自分が置かれている今の状況《じょうきょう》に満足せず、常に一段階上をめざすようにしています」

すでにできることをやるのは楽ですが、今までにやったことがないことをやってみることでレベルアップできます。それを意識すると日々の行動が自然と変わるといいます。

「私は進路選択において回り道をしてきたので特にそう思うのですが、みなさんにもそうしてみてほしいなと思います。挑戦《ちょうせん》し続けてください」

# パソコンで仕事をするだけでなく製造現場に行くことも多い

## ＪＡＸＡ（宇宙航空研究開発機構）で働く

勤務場所は茨城《いばらき》県つくば市にある筑波《つくば》宇宙《うちゅう》センターのほか、神奈川《かながわ》県相模原《さがみはら》市の宇宙《うちゅう》科学研究所《かがくけんきゅうじょ》など日本各地にあるＪＡＸＡの施設《しせつ》です。ふだんの仕事としては、いっしょにプロジェクトを行う企業《きぎょう》や大学の研究者と打ち合わせをしたり、実験室で機器の開発をしたり、企業《きぎょう》のエンジニアと同様にオフィスでパソコンを使って設計や解析《かいせき》を行ったりします。

特別な場合として、振動《しんどう》試験などの各種試験を行う日は、一日中それにかかりきりになります。また、ロケットの射場がある鹿児島《かごしま》県の種子島《たねがしま》や内之浦《うちのうら》で、打ち上げに立ち会うこともあります。また、ドキュメントのＪＡＸＡの梶原《かじわら》さんのように24時間体制のシフトで宇宙機の運用を担当する場合もあります。ＩＳＳや惑星《わくせい》探査など国際ミッションの担当者は、ＮＡＳＡなど海外の宇宙機関に出張したり学会に出席したりします。

ＪＡＸＡでは育児中などの職員が働きやすいよう、リモートワークの日数制限をなくしたり、勤務時間帯を選べるフレックスタイムの勤務制度を取り入れたりしています。

ＪＡＸＡの初任給は博士《はくし》課程修了《しゅうりょう》26万９８００円、修士課程修了《しゅうりょう》22万２０００円、大学学部卒業20万２１００円、短大・専門学校卒業17万９９００円です（２０２１年４月実績、ＪＡＸＡウェブサイトより）。その後、修士課程修了《しゅうりょう》40歳《さい》で年収８００万円ほどになります。これらに通勤手当や住居手当（家賃の補助）などの手当が付きます（以下も同様に、基本給に加えて各種手当が付きます）。

## 重工業系企業《きぎょう》、部品・電機メーカーなどで働く

重工業系などの企業《きぎょう》で働くエンジニアは、オフィスでパソコンを使って設計や解析《かいせき》を行ったり、設計審査《しんさ》に向けて書類を作成したりしますが、工場に行って製造現場のようすを見ながら、製造担当者と相談することも多々あります。そのため、勤務場所は東京や大阪《おおさか》などにある本社ではなく、工場がある地域、特に航空宇宙産業が盛《さか》んな愛知《あいち》県や岐阜《ぎふ》県のケースが多いようです。勤務時の服装《ふくそう》は、大事な会議などの時はビジネススーツを着ます

が、現場にすぐ行けるように会社のジャケットを羽織ったりしています。工場で勤務する製造担当者は、夜間も製造ラインが動いていれば夜勤をすることがあります。

製品の試験を完了《かんりょう》しないといけない期限があり、必ず間に合わせないといけないので、なかなか設計の問題点をクリアできない場合は、期限が差《さ》し迫《せま》ると忙《いそが》しくなることもあります。

収入は、大手重工業で初任給が月21・5万円（大学卒・大学院卒総合職の平均）、40歳《さい》で年収約700万〜800万円前後というデータが出ています（『会社四季報 業界地図』2023年版より）。

## 人工衛星スタートアップ企業《きぎょう》で働く

大型の航空機やロケットの製造には巨大な製造設備が必要ですが、超小型《ちょうこがた》衛星や観測機器は「クリーンルーム」という、外からほこりが入らない部屋《へや》があれば、企業《きぎょう》や大学の建物の一室でも開発することができます。アクセルスペース社では、エンジニアは自社のクリーンルームで、全身を覆《おお》う作業着を着て衛星を製作します。一方、衛星の製作以外の仕事はリモートでできるので、出社しなくてもいい日も多いそうです。

## 航空整備士として働く

仕事のパターンによって、また民間企業《きぎょう》と公務員とでも働き方や収入が違《ちが》います。整備士は航空機に触《さわ》るのが仕事なので作業しやすいよう、ユニフォームは作業着です。

### ●旅客機の整備士

毎運航時に行われるライン整備は、旅客機の運航本数が増えるお盆《ぼん》や年末年始の時期には忙《いそが》しくなるので、忙《いそが》しさに波があります。発着時間や機体の具合によって、早朝や夜間にも整備を行います。勤務地は日本各地の空港です。

一方、ドック整備は、ANAベースメンテナンステクニクスの場合は基本的には8時から17時までが就業時間です。年間を通して毎日コンスタントに整備を行います。主な勤務地は羽田空港に隣接《りんせつ》する格納庫です。

ライン整備は飛行場の屋外で行いますし、格納庫も屋外と同じ気温で、重い部品を持ち上げることもあるなど、体力は必要です。初任給は月17万〜21万円ほどで、平均年収は40代で500万〜600万円前後のところが多いようです。

### ●警察・消防・自衛隊・海上保安庁などの整備士

勤務形態の詳細《しょうさい》はそれぞれ違《ちが》いますが、おおむね就業時間は8時間程度です。ただし、航空機が出動するときには24時間体制で対応するため、夜間の当直勤務もあります。地上での整備業務だけでなく、航空機に搭乗《とうじょう》して人命救助なども行います。

給与《きゅうよ》は、公務員の給与《きゅうよ》水準に基づき、役職や階級、勤続年数によって決まります。一例ですが、神奈川県警察のヘリコプター整備士の初任給は約18万5000円（航空専門学校3年制卒の場合）です。

航空宇宙エンジニアの将来

# 飛行機・ロケットだけではない、航空宇宙業界の新技術

「空飛ぶクルマ」や民間人の宇宙旅行など、航空宇宙関連の新しい話題はどんどん出てきています。従来の旅客機やロケットにとどまらず、航空機・宇宙機の種類や用途《ようと》の幅《はば》が広がっています。

## ドローン

ドローンとは無線で操作される重量100グラム以上の無人航空機のことです。名前は機械のブーンという動作音や雄バチを意味する英語の drone に由来しています。カメラを搭載《とうさい》したドローンを飛ばして上空から撮影《さつえい》した映像は、みなさんもテレビなどで見たことがあるのではないでしょうか。東京2020オリンピックの開会式では編隊飛行も行われました。

南アルプスと中央アルプスに囲まれた長野県伊那市《ながのけんいなし》では2020年8月から、ドローンを使った食料品などの配送事業が行われています。自宅のケーブルテレビを通して注文すると、ドローンが商品を運んできてくれます。高齢者《こうれいしゃ》が自力で買い物に行くのが大変な山間部では、とても便利なサービスです。

ドローンは家電量販店《りょうはんてん》などで販売《はんばい》されていますが、屋外で飛ばしていい場所が限られるなど、航空法で飛行ルールが決まっています。ドローンの正しい使用方法を学ぶ講習会も実施《じっし》されています。2021年9月には規制が少し緩和《かんわ》され、ドローンを飛ばしていい場所が増えましたが、もっと日常的に、かつ安全にドローンを利用できるようにするためには、ルールの検討なども必要です。ドローンは無人攻撃機《こうげきき》として軍事利用もされていますが、便利に平和にドローンが使われてほしいものです。

## 空飛ぶクルマ

人やモノの移動方法（モビリティ）の新しい選択肢《せんたくし》として、「空飛ぶクルマ」が各国で開発されています。車といっても車輪はなく、ドローンを2人乗りサイズまで大きくしたような「eVTOL（電動垂直着離陸機《ちゃくりりくき》）」です。電動で、滑走路《かっそうろ》を走ることなくヘリコプターのように垂直に離着陸《りちゃくりく》できます。

日本ではSkyDrive社やテトラ・アビエーション社などのスタートアップ企業《きぎょう》が独自の機体を開発しています。また、大手自動車メーカーも今までの自動車開発のノウハウを活かして開発を行っています。国土交通省も「次世代航空モビリティ企画室《きかくしつ》」を設けて、ドローンや空飛ぶクルマの実用化を推進しています。

ただし、空飛ぶクルマには滑走路《かっそうろ》や道路は必要ありませんが、どこでも好きに飛んでいいわけではありません。パイロットのライセンスをどうするかも検討中です。ドローンと同様にルールの整備も必要です。

今は郊外で空飛ぶクルマのテストフライトが行われていますが、三菱地所《みつびしちしょ》、JAL、兼松《かねまつ》が東京駅近くの丸《まる》の内《うち》のビル街でテストフライトを行う構想があるなど、都市部での空飛ぶクルマの使用も見込《みこ》まれています。

今はパイロットが必要ですが、ゆくゆくは自動運転システムを組《く》み込《こ》んで、パイロットがいなくても飛べるようになると考えられます。

将来、一家に一台、空飛ぶクルマを所有できる時代になるかもしれませんね。

## 民間企業《きぎょう》による宇宙機開発・有人宇宙飛行

現在、アメリカのスペースX社を筆頭に、たくさんの民間企業《きぎょう》がロケットや宇宙船を開発しています。NASAなどの国の機関が国の予算で開発するというだけでなく、民間企《き》業《ぎょう》がみずから資金を募《つの》って開発するという新たな道がひらけました。

アメリカのスペースX社の宇宙船「クルードラゴン」で、2021年に野口聡一《のぐちそういち》宇宙飛行士と星出彰彦《ほしであきひこ》宇宙飛行士が国際宇宙ステーションへの往復飛行を行いました。今までの宇宙船の操作盤《そうさばん》はたくさんのスイッチがついた複雑なものでしたが、クルードラゴンではタッチパネルで操作できるようになりました。打ち上げと帰還《きかん》の時に着る宇宙服（船内与《よ》圧服《あつふく》）のデザインも一新され、ヘルメットからグローブ、ブーツまですべてつながったものになりました。その後、民間人4人だけでクルードラゴンでの地球周回も行われました。

2021年7月には、アマゾン社の創業者ジェフ・ベゾス氏が、みずから興したブルーオリジン社の宇宙船「ニュー・シェパード」で、弾道《だんどう》飛行（サブオービタル飛行）を行いました。10分間ほどの飛行で、高度約100キロメートルまで上昇《じょうしょう》して降りてきました。ブルーオリジン社としてははじめての有人飛行成功です。

同じく2021年7月にフライトを成功させた、ヴァージン・ギャラクティック社の宇宇宙船「スペースシップ2」は、アポロ宇宙船やクルードラゴンのような円錐形《えんすいけい》ではなく、飛行機型の（airplaneならぬ）〝Spaceplane〟です。別の飛行機に付けられた状態で上空まで行き、上空で切《き》り離《はな》されてさらに上昇《じょうしょう》します。数分間ですが、高度80キロメートルまで上昇《じょうしょう》し、無重力状態を体験できます。費用は1回5000万円ほどかかりますが、一般《いっぱん》の人も搭乗《とうじょう》できます。ちなみにISSまで行くには一人50億円ほどかかります。

スペースシップ2はアメリカのニューメキシコ州シエラ郡にある「Spaceport America」という「宇宙港」から飛び立ちました。宇宙港とは、旅客機が飛び立つ空港のように、人や衛星を乗せた宇宙船が飛び立つ場所です。Spaceport Americaは世界初の商業用宇宙港として2011年にオープンしました。

日本でも、大分《おおいた》空港を通常の空港としてだけでなく、宇宙港としても利用できるように整備していく計画が進んでいます。大分空港は2020年にアメリカのヴァージン・オービット社（小型の人工衛星の打ち上げを目的とするヴァージン・グループの企業《きぎょう》）とパートナーシップを締結《ていけつ》し、正式に宇宙港になりました。ロケットを、垂直方向ではなく、空中で水平方向に発射するアジア初の「水平型宇宙港」です。また、2022年2月には大分県・兼松・アメリカのシエラ・スペース社のあいだでパートナーシップが締結《ていけつ》されました。地球と国際宇宙ステーション間で人や荷物のやりとりを行う宇宙往還機《おうかんき》「ドリームチエイサー」の着陸地として、大分空港を今後活用していく方針です。

また、和歌山《わかやま》県串本《くしもと》町と那智勝浦《なちかつうら》町には、日本初の民間ロケットの発射場「スペースポート紀伊《きい》」が作られています。２０２４年３月には、ロケット「カイロス」初号機の打ち上げが行われました。こうした宇宙港ができると、発射場の利用料などの事業収入を得られるのはもちろん、打ち上げを見に観光客が来たり、新たな雇用《こよう》が生まれたりする経済効果が期待できます。


２０２１年に宇宙に行った人の数は、民間人の飛行者の人数が、宇宙飛行士の飛行者の人数をはじめて上回りました。もっと費用が安くならないと誰《だれ》でも気軽に宇宙に行けるようにはなりませんが、民間企業《きぎょう》が宇宙機を開発することで、厳しい試験で選ばれた宇宙飛行士だけでなく、一般《いっぱん》の人が宇宙に行ける機会が大幅《おおはば》に増えています。

## 惑《わく》星《せい》・衛星航空機

航空機が飛ぶ仕組みを思い出してみてください。揚力《ようりょく》が必要でしたね。揚力《ようりょく》を生む空気（大気）がない真空の宇宙空間では、航空機は飛べません。逆に、薄《うす》くても大気があれば航空機は飛べます。大気をもつ惑星《わくせい》や衛星で飛ぶ航空機の研究が進められています。

火星ヘリコプター「インジェニュイティ」は、２０２１年２月に火星に着陸したＮＡＳ

火星ヘリコプター「インジェニュイティ」

©NASA/JPL-Caltech/ASU/MSSS

Ａの探査車「パーサヴィアランス」に搭載《とうさい》されました。インジェニュイティは２０２１年４月に火星の空を初飛行しました。地球以外の惑星で航空機が飛んだのははじめてです。その後も30回以上飛行しています。火星の大気は地球の１０００分の6と非常に薄《うす》いのですが、その環《かん》境《きょう》下《か》で回転翼機《かいてんよくき》を飛ばせたというのは大きな成果です。

ＮＡＳＡの探査機「ドラゴンフライ」は、２０２８年の打ち上げをめざして開発が進められています。木星の衛星タイタンで、八つの回転《かいてん》翼《よく》をもつ航空機を飛ばし、タイタンの大気の性質を調べたり、地表の物質の採取を試みたりします。日本が開発する地震計《じしんけい》も搭載《とうさい》されます。重さ約５４０キログラムで、火星ローバー「キュリオシティ」や「パーサヴィアランス」と同じくらい（小型ＳＵＶ車くらい）のサイズになるとみられます。

このように、航空宇宙産業には新たな市場が開け、盛《も》り上《あ》がっています。

アメリカの宇宙財団の報告書によると、宇宙産業の２０２１年の世界年間支出額は４６９０億ドル（約66兆円）に達し、前年と比べると9パーセント増加しました。宇宙関連の支出は今後も増加し続け、２０２６年までに６３４０億ドル（約89兆円）超《ちょう》に成長すると予測されています。

また、世界の民間航空機（旅客機・リージョナルジェット・貨物輸送機）の市場規模は、２０２１年は１３３６億４０００万ドル（約19兆円）でしたが、２０３０年には１９４７億６０００万ドル（約27兆円）に達すると予測されます（２０２２年3月26日REPORT OCEANのレポートより）。

多種多様な航空機・宇宙機を作る航空宇宙エンジニアや、それらを整備する航空整備士は、今後ますます必要とされるといえるでしょう。

# 3章

# なるにはコース

適性と心構え

# 原点は自分が作ったものを空・宇宙に飛ばしてみたい気持ち

エンジニアの適性は、第一に「ものづくりに興味があること」です。自分の手を動かして、ものを作ることが好きな人が向いています。やってみて、うまくいかなかった時の結果も大事な情報です。どうしたら次回はうまくいくか、試行錯誤《さくご》をくり返します。

航空宇宙エンジニアのみなさんにお話をうかがうと、さらに以下のような共通点が見えてきました。

## 機械が好き

航空宇宙への興味はもちろんなのですが、ロボットコンテストに出場したJAXAの梶《かじ》原《わら》さんをはじめ、ロボットなどの機械に興味がある人が多いようです。「宇宙が好き」ならば天文学や惑星《わくせい》科学など理学に進む選択肢《せんたくし》もあるなかで、「自分が作ったものを空・宇宙に飛ばしてみたい」という思いがある人が工学に進み、航空宇宙エンジニアになっています。エンジニアのみなさんは「自分が作ったものが空・宇宙に飛ぶのを見る時がうれしい、やりがいを感じる」と述べています。

## 数学と物理が得意

整備士の募集要項《ぼしゅうようこう》を見ると、学部は問われませんが理系であることが条件になっています。また、アクセルスペース社の居相さんは「宇宙工学を知らなくても、数学・物理を知っている人なら、少し勉強してもらい、説明すればわかるだろうという安心感があります。逆に、これまでに宇宙関係の仕事をしてきた人でも、数学・物理が弱いとちょっと大変かなと感じることがあります。数学・物理は航空宇宙エンジニアになるうえで固い土台になるのです」とおっしゃっています。

## 英語を日々の仕事で使う

航空宇宙にかかわる人は英語力が必須《ひっす》です。日本のチームだけで航空機・宇宙機を作ることは少なく、海外の企業《きぎょう》や研究機関の人たちといっしょに仕事をします。英語で説明したり、資料を英語で作ったりします。

航空整備士も英語の読み書きの能力が必須《ひっす》です。整備中に参照する機体のマニュアルは、海外の航空機メーカーが作っているため、英語で書かれています。整備を実施《じっし》した後に提出する整備報告書も英語で書きます。

## 社内・社外の人とコミュニケーションを図る

航空機・宇宙機は大きなシステムなので、大勢で協力して作ります。自分の会社内の人とはもちろん、他社や外国の企業《きぎょう》の人とコミュニケーションを図ることも多々あります。ナブテスコの堤《つつみ》さんは「顧客《こきゃく》の機体メーカーとの信頼関係が大切。『またいっしょに仕事がしたい』と思ってもらうことがつぎの仕事につながる」とおっしゃっています。

航空機整備もチームを組んで作業を行います。「人前で話したり、人にわかりやすく説明したりする能力が整備士には必要だ」と整備士の保田《やすだ》さんはおっしゃっています。作業に入る前に、今から自分が何をするかをチームメンバーと共有します。そうすることで事故を防ぐこともできます。

何か挑戦《ちょうせん》したいことができた時にも「自分のやりたいことを組み立てて、説明して認めてもらうというようなことがさまざまな場面で必要になる」とアクセルスペースの居相《いあい》さんはおっしゃっています。

## リスクに対する判断力や安全への意識

大勢の人を乗せる旅客機や、有人飛行の宇宙船は安全性が何よりも重要です。また、大きな機体を扱《あつか》うので、作業中の安全も非常に大事です。

航空宇宙エンジニアは日頃《ひごろ》から「あたりまえのことを、このくらいはいいか、と適当にしない」ように意識しているようです。仕事でひとつでも適当に流してしまうと、大事故につながるかもしれないので、日々のちょっとしたことから気をつけているわけです。職種を問わず「遅刻《ちこく》をしない」「守るべきルールは守る」「誠実に人と接する」というような共通点がありました。

設計者はリスクを想定し、どこまでリスクを許容できるか、判断を迫《せま》られる場合もあります。三菱重工《みつびしじゅうこう》の森井《もりい》さんは「この設計でほんとうに自信をもって飛ばせるのかと何度も自問自答する。打ち上げ前にどこまでリスクを想定できるかがいちばん頭を使うところであり、同時に設計者としての腕《うで》の見せどころだ」と話しています。川崎重工《かわさきじゅうこう》の矢野《やの》さんも、迷ったら「自分の子どもをこの航空機に乗せたいか、この製造現場で働かせたいか」と自分に問うそうです。航空宇宙エンジニアのみなさんは、自分には人や機体の安全に対して大きな責任があることを自覚しています。

# 工学全般が航空宇宙エンジニアにつながる

航空宇宙エンジニアには、精密な機械を作るための工学の専門的な知識が必要です。そのため、ほとんどのエンジニアは高等専門学校（高専）や大学、大学院で工学を専攻《せんこう》してきています。一方で、学科はあまり問われません。航空宇宙工学科だけではなく、機械系、電気系、材料系などの学科の出身者も多くいます。「自分は航空宇宙工学科ではないから」とあきらめる必要はなく、幅広《はばひろ》く門戸は開かれています。

工学部の各学科について、くわしくは『なるにはＢＯＯＫＳ　大学学部調べ　工学部』（漆原次郎《うるしはらじろう》著）も参考にしてみてください。

## 機械系・電気系・材料系の学科

機械系の学科のなかに航空宇宙工学コースが設けられている大学もあります。機械系の学科では、航空機・宇宙機に限らず、ロボットやコンピューターなど機械全般《ぜんぱん》の仕組みを学びます。特に〝機械の四力〟と呼ばれる、機械力学・熱力学・流体力学・材料力学の四つの力学を勉強します。機械のシステムをコントロールする「システム制御《せいぎょ》工学」も、航空宇宙工学と共通しています。

電気系の学科では、電気系統の仕組みなどを学びます。ＪＡＸＡの梶原さんと本田《ほんだ》さんは大学院の電気電子工学のコースで、宇宙探査機の研究をしていました。

航空機・宇宙機の素材も重要です。航空機の機体に使われている炭素繊維《せんい》強化プラスチック（ＣＦＲＰ）のような、軽くて丈夫《じょうぶ》な素材が必要とされます。材料系の学科では、そうした新しい素材などについて開発・研究します。

## 航空宇宙工学科

「航空宇宙工学」と名前の付く学科・コースでは、機械全般《ぜんぱん》に共通の四力や制御《せいぎょ》工学に加えて、航空機・宇宙機に関する科目を専門的に学びます。

航空宇宙工学科の専門課程で学ぶことは、大きく分けて四つあります。

「材料」　構造部品や新素材について

「熱・流体」　エンジンやエネルギー機関について

「設計・製作」　機械や部品の設計、加工、組み立ての技法について
「制御《せいぎょ》・計測」　機械の操作、自動化、省力化などについて

です。

先生の講義を聞くだけではなく、自分で手を動かす実習科目もあります。コンピューター上での設計、シミュレーション技術、手描き図面の製図技法、工作機械を使った切削《せっさく》、塑性《そせい》、レーザー加工など、さまざまな技術を学びます。４年生の卒業研究では新形態の航空機の設計や小型無人航空機の設計・製作・飛行実験など、各自が興味のある航空機関連のテーマについて研究します。

## ●高専や高校で航空宇宙工学を学ぶ

高専での機械、電気、情報工学などの学びも航空宇宙エンジニアにつながります。高知工業高専など10の高専が共同開発した超小型衛星「ＫＯＳＥＮ－１」が、２０２１年11月にＪＡＸＡのイプシロンロケット５号機で打ち上げられ、地上との通信や木星の電波の観測に成功しています。東京都立産業技術高専など、航空宇宙工学コースを設けている高専もあります。

最近は、高校に航空宇宙工学のコースが新設される動きもあります。特に宇宙港をもつ和歌山《わかやま》県と大分《おおいた》県は航空宇宙教育に力を入れています。令和６年度に、和歌山県立串本古《くしもとこ》

座《ざ》高校に「宇宙探究コース」が、大分県立国東《くにさき》高校に「宇宙に関するコース（仮称）」が設置される予定です。

また、高校生が自作した空《あ》き缶《かん》サイズの模擬《もぎ》人工衛星を打ち上げて技術力を競う「缶《かん》サット甲子園《こうしえん》」が開催《かいさい》されています。大学生になると、自作の人力飛行機で飛行距離《きょり》や飛行時間を競う「鳥人間コンテスト」に出場できますが、高校生からこうしたコンテストなどに参加してみるのもいい経験になるでしょう。

## 航空機整備を学ぶには

高校卒業の時点で航空整備士になると決意していれば、専門学校の整備士養成コースに進学するのがいちばんの近道です。岐阜《ぎふ》県関《せき》市には中日本《なかにっぽん》航空専門学校、埼玉《さいたま》県所沢《ところざわ》市には国際航空専門学校があります。また、成田《なりた》空港の近くの千葉《ちば》職業能力開発短期大学校には航空機整備科があります。職業能力開発短期大学校（ポリテクカレッジ）とは、職業訓練施設《しせつ》といって、就職に直結する技術を学ぶ学校のことです。

整備士養成コースを設けている大学もあります。たとえば、熊本《くまもと》県にある崇城《そうじょう》大学工学部には宇宙航空システム工学科航空整備学専攻《せんこう》があります。二等航空整備士資格と大学卒業の学士の資格を両方取得できるのがメリットです。

こうした整備士の専門学校・コースでは、航空力学や航空法規などの学科の勉強に加え、航空機の機体を使って整備の実習を行います。２年間もしくは３年間の在学中に二等航空運航整備士などの資格を取ることができます。また、進路指導や就職支援《しえん》が手厚く、就職情報が得やすいということも専門課程に行くメリットでしょう（航空整備士の進路は多岐《たき》にわたるので、自力で情報を集めるのは結構大変です）。

また、海上保安官や自衛官、東京消防庁の消防官になって、航空機整備を学ぶという方法もあります（３章「採用試験と就職の実際」を参照）。

採用試験と就職の実際

# 航空機・宇宙機のどの部分を作りたいか、何の整備をしたいかで就職先を考える

## 企業やＪＡＸＡのエンジニア

航空宇宙エンジニアは、応募《おうぼ》の時点で「技術職」の採用枠《わく》が設けられている場合が多いようです。重工業系の企業《きぎょう》や部品メーカーなど、もしくはＪＡＸＡの技術職にエントリーします。エントリーシートを提出し、それが通れば面接へと進み、内定をもらいます。

航空宇宙関連の企業《きぎょう》は国内外に数多くあるので、「航空機・宇宙機のなかでも、特にどの部分を作りたいか」が企業選択《きぎょうせんたく》のポイントになります。ナブテスコの堤さんは「航空機のなかで、胴体《どうたい》などの動かない部分よりも動く部分がいい」という観点から、フライト・コントロール・アクチュエーターを作っているナブテスコを選んだそうです。

「２０２０年経済産業省生産動態統計年報機械統計編」によると、日本国内の航空機生産

関連の従業員数は、２０２０年末の時点で2万７２６８人でした。２０２１年度の日本の航空機関連生産額は1兆１５５４億円（速報値、日本航空宇宙工業会まとめ）でした。世界のジェット機の納入数は２０１８年に過去最多の１６００機超《ちょう》となりました。コロナ禍《か》でいったん落《お》ち込《こ》んだものの、２０２１年には約１０００機まで回復しています（一般《いっぱん》財団法人 日本航空機開発協会「令和3年度版 民間航空機関連データ集」より）。

一般《いっぱん》社団法人 日本航空宇宙工業会が、国内の宇宙機器産業関連企業93社にアンケート調査を行った「令和3年度 宇宙機器産業実態調査報告書」によると、２０２１年3月末の時点に宇宙産業で働く人の数は８５２７人で、そのうちエンジニアにあたる「研究・開発」の職種で働く人数は３７８４人でした。宇宙産業で働く８５２７人の内訳を見ると、人工衛星にかかわる人が３５８９人、ロケットにかかわる人が１７４０人で、ほかは宇宙ステーション補給機・宇宙ステーション・地上施設《しせつ》・ソフトウェアにかかわっています。この数字は企業《きぎょう》のみなので、ＪＡＸＡのエンジニアも含《ふく》めると、日本には４０００人ほど宇宙エンジニアがいるといえます。

また、「専門が航空宇宙工学でなくてもいい」と前の章で書きましたが、逆に航空宇宙工学科の卒業生は航空機・宇宙機のエンジニアになるだけではなく、自動車や電車、船などのさまざまな輸送機器のエンジニアにもなって活躍《かつやく》しています。

## 航空整備士

自分で会社や公務員試験について調べて応募《おうぼ》したり、専門学校に来た求人票を見て学校を通して応募《おうぼ》したりします。

航空整備士の需要は、アジア・太平洋地域では２０１０年の整備士数が８万１３３０人だったのに対して、２０３０年の予測値が28万９５１０人と、およそ３・５倍の人数の整備士が必要とされると国際民間航空機関（ＩＣＡＯ）は推計しています（国土交通省乗員政策等検討合同小委員会中間とりまとめ概要《がいよう》説明資料、Global and Regional 20-year Forecasts：Pilots・Maintenance Personnel・Air Traffic Controllers より）。現状40～50歳代《さいだい》の整備士が多いので、若手の整備士、特に一等航空整備士が必要とされています。

### ●航空会社系列の整備士の場合

航空整備士の募集《ぼしゅう》は会社ごとに行われていて、自分で直接応募《おうぼ》します。航空専門学校には指定校推薦《すいせん》制度が設けられている場合もあります。

ＡＮＡはライン整備の会社（ＡＮＡラインメンテナンステクニクス）とベース整備の会社（ＡＮＡベースメンテナンステクニクス）に分かれています。就職後にも人材交流はありますが、あらかじめどちらをやりたいかを決めておく必要があります。ＪＡＬはＪＡＬ

エンジニアリング社として、ライン整備、ベース整備、エンジン整備などをすべて行っているので、入社してから配属が決まるようです。スカイマークは本社の「技術系スタッフ」の枠《わく》で採用されたのち、整備課に配属されます。

各社の募集要項《ぼしゅうようこう》をみると、「大学・大学院・高専の理系の学科、航空専門学校を出ていること」が応募《おうぼ》の要件になっています。「理系であれば整備の知識はなくてもだいじょうぶ」という一方で、英語力の目安が書かれています。ANAではTOEIC450点以上、JALではTOEIC600点以上または英検2級程度が望ましい、と書かれています。この証明書を提出しないとエントリーできないというわけではありませんが、事前にTOEICや英検に挑戦《ちょうせん》し、基準を満たしていることを示すと採用時のアピールになります。

## ●警察・消防の整備士の場合

警察職員・消防職員の採用試験を受けます。航空会社系列の整備会社と違《ちが》って、専門学校などで学んで航空整備士資格を取得し、すでに整備ができることが前提になっています。大勢は採用しておらず、募集《ぼしゅう》人数1～2名などの場合が多いようです。

例外的に東京消防庁では、入職時に資格をもっていなくても、航空整備士の研修を受けるための選抜《せんばつ》試験を受け、合格すれば研修を受けて資格を取得し、航空隊の整備士になることができます。逆に資格をもっている人も、最初から整備士になれると決まっているわけではなく、選抜《せんばつ》試験を突破《とっぱ》しないといけないようです。ただし、就職試験や選抜《せんばつ》試験の志望時に、資格をもっていることを示すのはもちろんアピールになります。

## ●海上保安庁・自衛隊の整備士の場合

自衛隊の整備士は自衛官なので、まず自衛隊に入隊する必要があります。航空自衛隊には、「整備員」と「航空機整備幹部」（航空機の整備や運用の指揮をとる役職）がいて、最初の受験区分から異なります。整備員の職種は、航空機、エンジン、電気、油圧などに分かれています。まず一般曹《いっぱんそう》候補生か自衛官候補生の入隊区分で受験します。航空機整備幹部は一般《いっぱん》幹部候補生の入隊区分で受験し、幹部候補生課程、航空機整備幹部課程へと進み、各航空団に配属されます。

海上保安庁の整備士は海上保安官なので、海上保安庁に入庁します。海上保安庁の整備士のなり方には、入庁してから整備を学ぶか、航空専門学校で二等航空整備士の資格を取得して「有資格者採用」で整備士になるという、二つのパターンがあります。

関連資格

# 航空整備士資格は機種ごとに必要

本書で紹介《しょうかい》した仕事のなかで、必ず資格を要するのは航空整備士です。航空整備士は資格がないと航空機に触《さわ》ることもできません。入社後に社内資格と国家資格を取得します。

## 航空整備士資格・航空運航整備士資格

航空整備士と航空運航整備士の資格は国家資格です。航空整備士には、整備作業を行うだけでなく、整備した航空機の最終確認責任者として航空機の整備・運航に必要な書類に署名する役割もあります。

「航空運航整備士」はライン整備が、「航空整備士」はライン整備とドック整備の両方ができる資格です。それぞれに一等と二等があり、一等は大型機、二等は中小型機の資格です。航空機の種類（飛行機・飛行船・回転翼《かいてんよく》航空機・滑空機《かっくうき》）とその等級（エンジンが単発か多発かなど）ごとに細かく分類されています。

試験は筆記試験と実地試験（技能証明試験）が行われます。筆記試験は1回合格すればクリアとなりますが、実地試験は機体の等級や型式ごとに試験を受ける必要があります。実地試験では、整備の作業がきちんとできるかをみられる実技試験だけではなく、試験官に作業内容などを説明する口述試験が行われます。

「国土交通大臣指定航空従事者養成施設《しせつ》」に指定されている専門学校や短期大学校では、学科試験と学内の技能審査に合格すれば、在学中に二等航空運航整備士（飛行機・回転翼《かいてんよく》航空機）などの国家資格を取得することができます。

一等航空整備士の資格は必須《ひっす》ではありませんが、取得をめざす人が多いそうです。必ず一人は一等航空整備士がいなければ整備を行ってはいけない整備項目《こうもく》があるからです。一等航空整備士はANAベースメンテナンステクニクスでは整備士の4人に1人ほどしかもっていない難関資格で、資格取得者は重用されます。

設計・開発を担当する航空宇宙エンジニアが必ず取得しなければいけない資格やスキルは特段ありません。仕事で必要になれば、勉強して資格試験を受けます。宇宙機の運用をしたJAXAの梶原さんは、業務に必要となったため、「第一級陸上無線技術士」の資格を取得しました。自主的に国家資格の「技術士」の試験を受けるエンジニアもいます。

Column

## 航空宇宙関連施設《しせつ》を見学してみよう

航空宇宙関連のミュージアムは日本にも海外にも多数あります。そのうちの一部を紹介《しょうかい》します。海外ですが、エアバスやボーイングの工場見学ツアーでは、航空機が製造されている現場を見ることができます。機会があればぜひ行ってみてください。※入場予約が必要な施設《しせつ》もあります。それぞれのウェブサイトなどで最新情報をご確認ください。

**●JAXA筑波《つくば》宇宙センター（茨城県つくば市）**

JAXAの敷地《しきち》内にあります。展示館「スペースドーム」では、実物大の人工衛星や本物のロケットエンジン、日本実験棟《じっけんとう》「きぼう」の実物大モデルなどを間近に見ることができます。宇宙グッズを買えるショップも楽しいです。

**●岐阜かかみがはら航空宇宙博物館（岐阜《ぎふ》県各務原《かかみがはら》市）**

通称《つうしょう》「空宙博《そらはく》」。日本とは思えないほど広大な博物館です。岐阜県や愛知《あいち》県には航空宇宙関連企業《きぎょう》が多くあり、その協力で展示が充実《じゅうじつ》しています。国産旅客機YS－11やブルーインパルスの2代目の機体「T－2高等練習機」、「はやぶさ2」などの展示があります。H－2ロケットの先端《せんたん》部分（フェアリング）があり、その大きさを実感できます。

**●スミソニアン航空宇宙博物館（アメリカ・ワシントンD.C.）**

世界でいちばん有名な航空宇宙博物館。航空宇宙の歴史を一通り見られます。ワシントンD.C.の中心部に本館が、郊外《こうがい》には別館「ウドバー・ハジー・センター」があります。別館がものすごく広く、スペースシャトル「ディスカバリー号」やB－29の「エノラ・ゲイ」などの実物があります。

●USスペース&ロケットセンター（アメリカ・アラバマ州ハンツビル）

アポロ宇宙船を月へ送った「サターンVロケット」が、外には立っていて、室内には横倒《よこたお》しになって内部が見える状態で展示されています。全長約110メートル（H－2Aロケットの約2倍）の大きさに圧倒されます。NASAマーシャル宇宙飛行センターのビジターセンターでもあり、アポロ時代の展示が充実《じゅうじつ》していて、月の石も見ることができます。

USスペース&ロケットセンターのサターンVロケット　著者撮影

●エアバスやボーイングの工場見学ツアー

有料で英語ですが、エアバスはドイツのハンブルク、ブレーメン、シュターデとフランスのトゥールーズの工場で見学ツアーを開催《かいさい》しています。ボーイングはシアトル郊外《こうがい》のエバレット工場に見学ツアーがあります（再開済）。

私が参加したエアバスのハンブルク工場見学ツアーでは、広大な施設《しせつ》の中をバスで巡《めぐ》って、A320などの機体が組み立てられている現場を見ることができました。まず胴体《どうたい》が組み立てられ、主翼《しゅよく》や尾翼《びよく》が付き、内装《ないそう》が整えられ、外側の塗装《とそう》が施《ほどこ》されます。最後にエンジンを取り付けて完成です。配線作業などは緻密《ちみつ》なため、すべて手作業で行われているそうです。また、旅客機の内装《ないそう》はオーダーメイドで、航空会社ごとに座席数やデザインなどを変えているとのことです。たっぷり2時間半のコースで、参加費25ユーロでは安いくらいでした。

## フローチャート　航空宇宙エンジニア

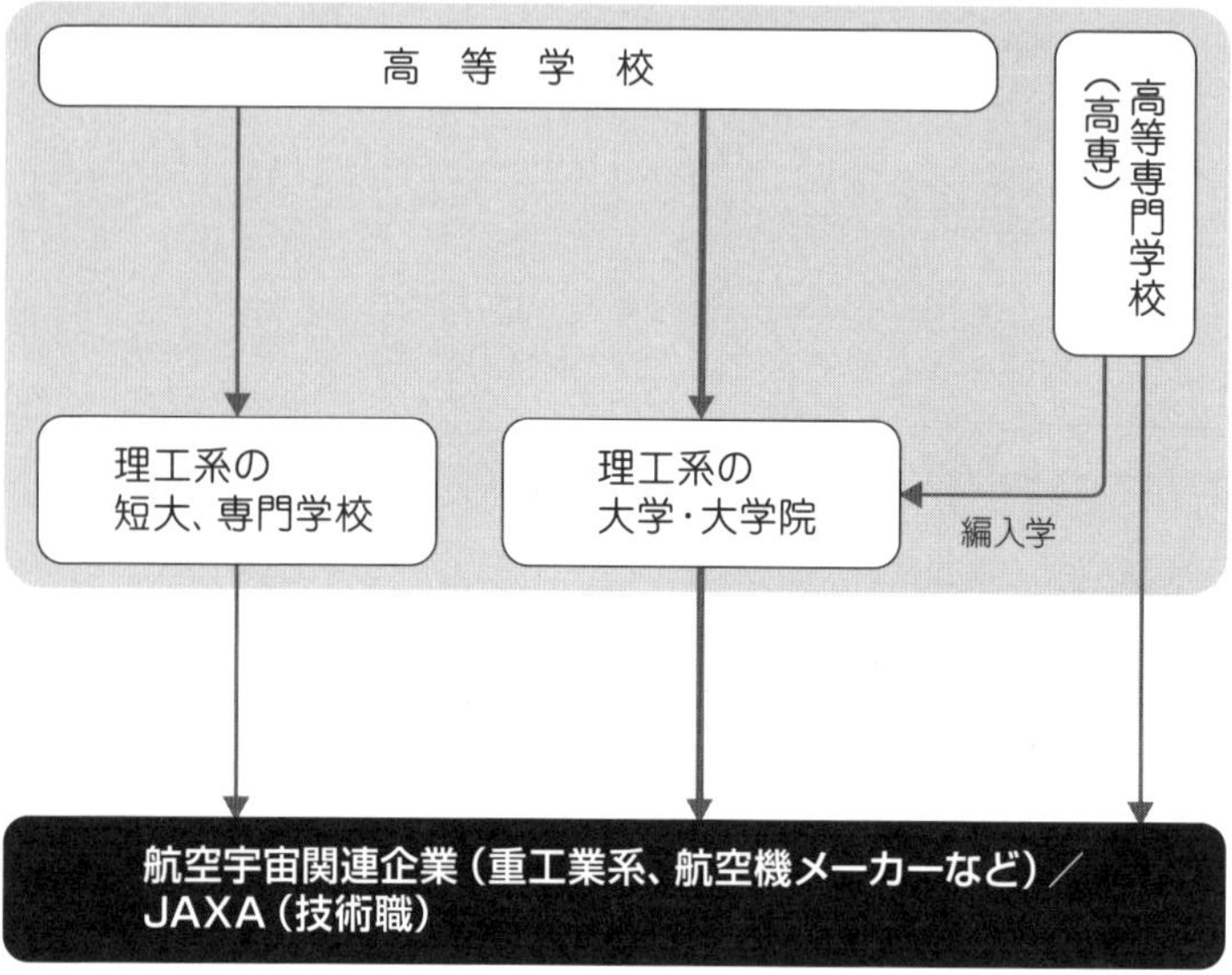

## フローチャート　民間企業の航空整備士

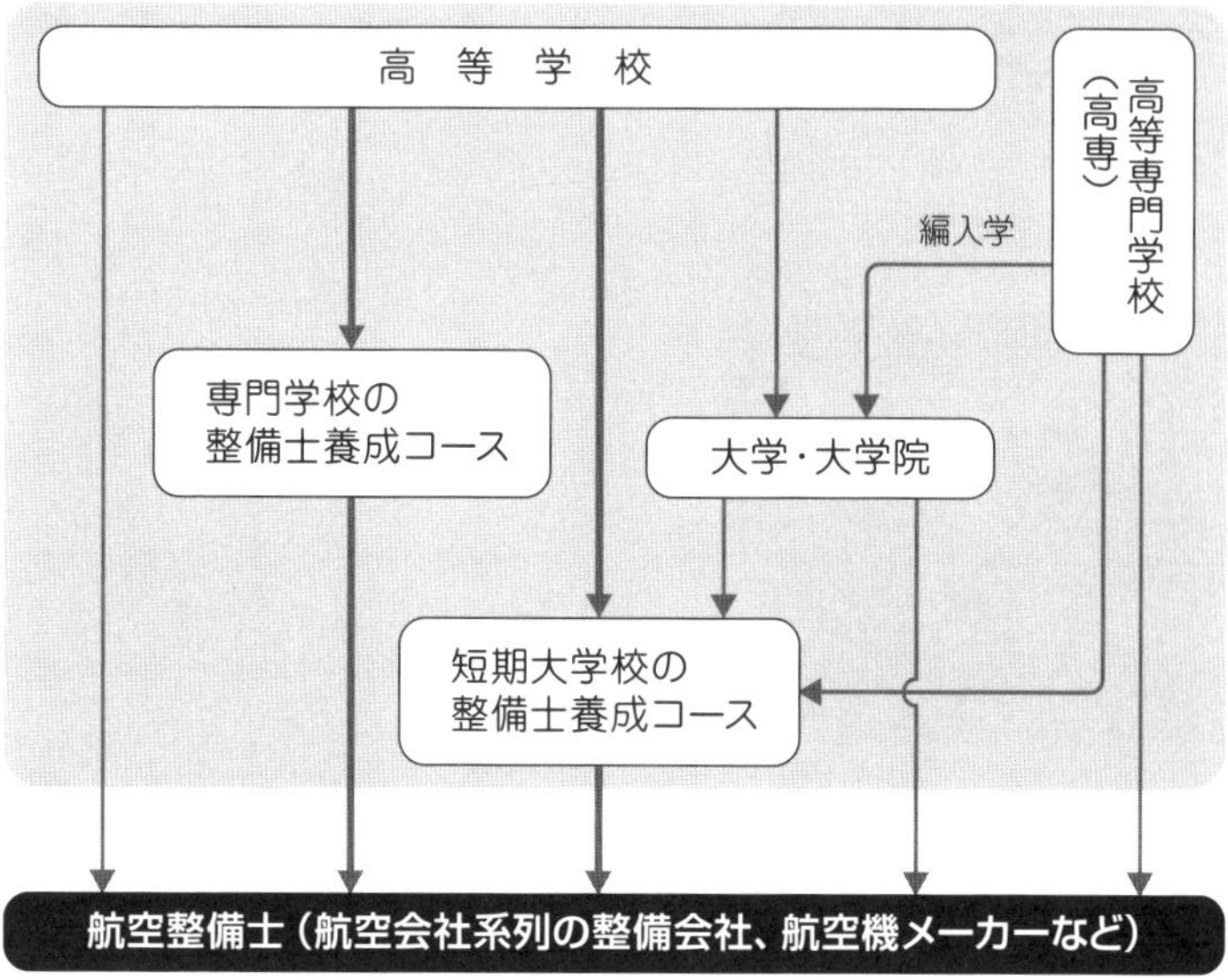

## なるにはブックガイド

### 『ジェット旅客機を作る技術』

青木謙知＝著
サイエンス・アイ新書

カラー写真が豊富で、航空機が工場で組み立てられる様子がよくわかる。エアバスの工場見学ツアーには筆者（小熊）も参加したが（コラム参照）、一般参加者は写真撮影ができないので、代わりにこの本の写真を見てほしい。

### 『零戦―その誕生と栄光の記録』

堀越二郎＝著
角川文庫

筆者は宮崎駿監督のアニメ映画『風立ちぬ』の主人公のモデルとなった飛行機の設計者。厳しい要求性能を実現し、さらにその先へいこうと、頭を絞って考える技術者としての姿勢に学ぶところが多い。

『はやぶさ２最強ミッションの真実』
津田雄一＝著
NHK 出版新書

小惑星探査機「はやぶさ２」プロジェクトマネージャーが語るミッションの裏話。第３章に「はやぶさ２」の開発の話が載っている。技術的な工夫とともに、チームワークにも“９つの世界初”を成し遂げた秘訣があった。

『宇宙兄弟』
小山宙哉＝著
講談社

主人公は宇宙飛行士だが、彼らのミッションを支える技術者たちが登場する。特に11、12巻のパラシュート展開システムの技術者ピコに注目してほしい。宇宙飛行士の帰還に臨む緊張感や、パラシュートが無事開いた時の喜びが伝わってくる。

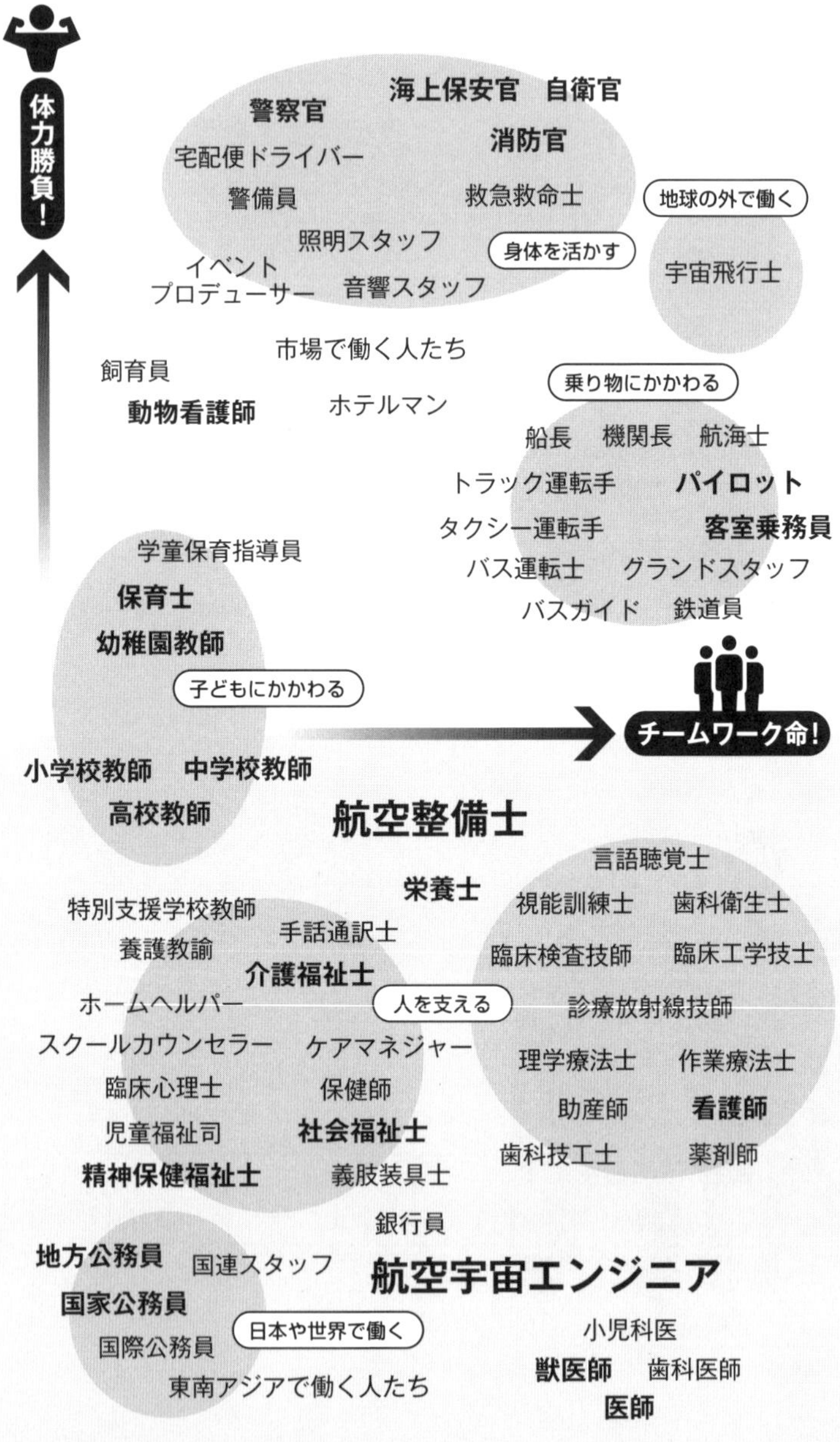
体力勝負!
チームワーク命!
身体を活かす
警察官
海上保安官
自衛官
消防官
宅配便ドライバー
警備員
救急救命士
照明スタッフ
イベントプロデューサー
音響スタッフ
地球の外で働く
宇宙飛行士
市場で働く人たち
飼育員
動物看護師
ホテルマン
乗り物にかかわる
船長
機関長
航海士
トラック運転手
パイロット
タクシー運転手
客室乗務員
バス運転士
グランドスタッフ
バスガイド
鉄道員
子どもにかかわる
学童保育指導員
保育士
幼稚園教師
小学校教師
中学校教師
高校教師
航空整備士
人を支える
栄養士
言語聴覚士
視能訓練士
歯科衛生士
臨床検査技師
臨床工学技士
特別支援学校教師
手話通訳士
養護教諭
介護福祉士
ホームヘルパー
診療放射線技師
スクールカウンセラー
ケアマネジャー
理学療法士
作業療法士
臨床心理士
保健師
助産師
看護師
児童福祉司
社会福祉士
歯科技工士
薬剤師
精神保健福祉士
義肢装具士
銀行員
日本や世界で働く
地方公務員
国連スタッフ
航空宇宙エンジニア
国家公務員
国際公務員
東南アジアで働く人たち
小児科医
獣医師
歯科医師
医師

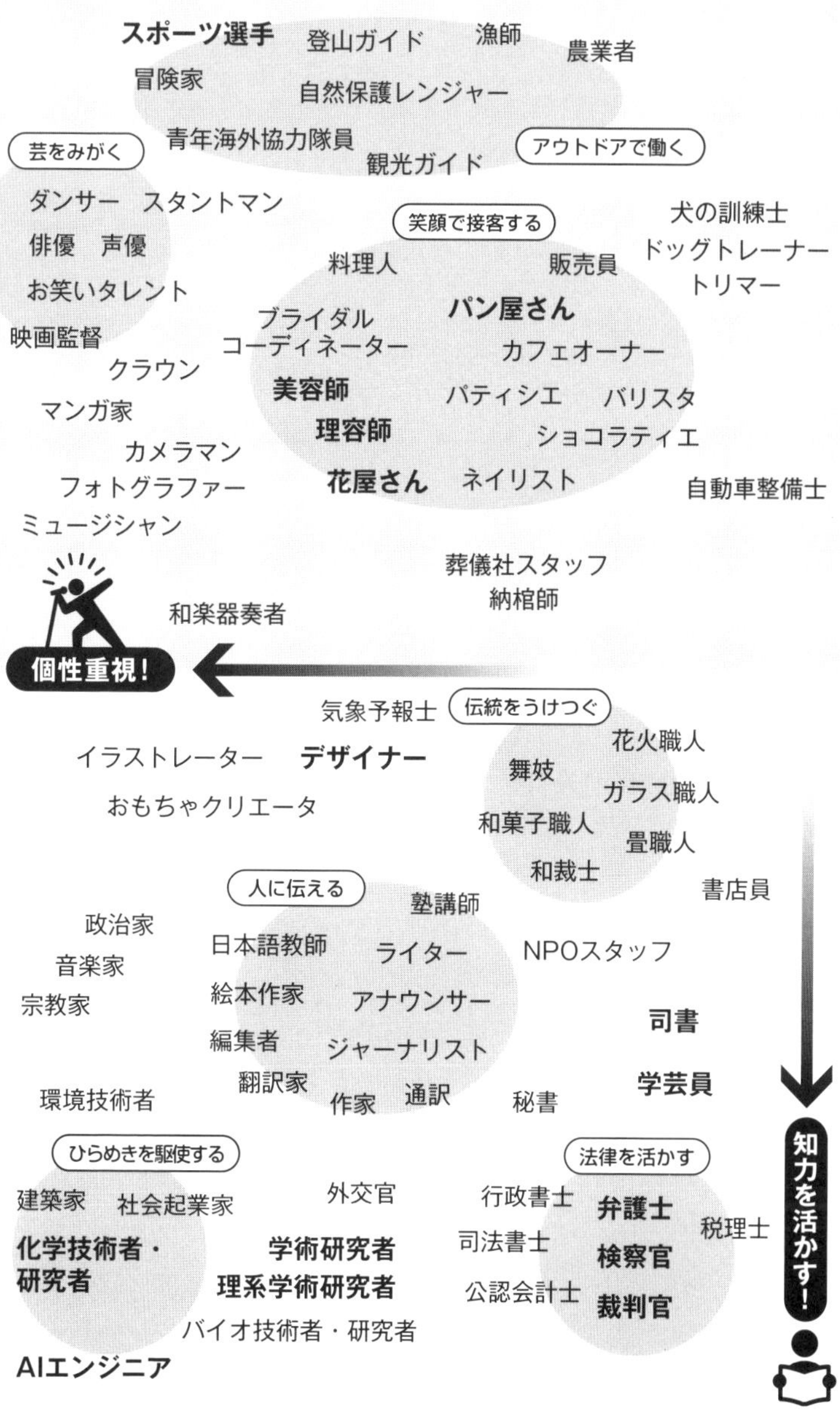
スポーツ選手
登山ガイド
漁師
農業者
冒険家
自然保護レンジャー
青年海外協力隊員
観光ガイド
アウトドアで働く
芸をみがく
ダンサー
スタントマン
俳優
声優
お笑いタレント
映画監督
クラウン
マンガ家
カメラマン
フォトグラファー
ミュージシャン
笑顔で接客する
料理人
販売員
パン屋さん
ブライダルコーディネーター
カフェオーナー
美容師
パティシエ
バリスタ
理容師
ショコラティエ
花屋さん
ネイリスト
犬の訓練士
ドッグトレーナー
トリマー
自動車整備士
葬儀社スタッフ
納棺師
和楽器奏者
個性重視！
気象予報士
伝統をうけつぐ
花火職人
舞妓
ガラス職人
和菓子職人
畳職人
和裁士
イラストレーター
デザイナー
おもちゃクリエータ
書店員
人に伝える
塾講師
政治家
日本語教師
ライター
NPOスタッフ
音楽家
絵本作家
アナウンサー
宗教家
司書
編集者
ジャーナリスト
翻訳家
作家
通訳
秘書
学芸員
環境技術者
ひらめきを駆使する
建築家
社会起業家
外交官
化学技術者・研究者
学術研究者
理系学術研究者
バイオ技術者・研究者
AIエンジニア
法律を活かす
行政書士
弁護士
税理士
司法書士
検察官
公認会計士
裁判官
知力を活かす！

【参考図書】
『ニュートン別冊 飛行機のテクノロジー増強第３版』ニュートンプレス
『ジェット旅客機を作る技術』青木謙知著、サイエンス・アイ新書
『日本の航空産業』渋武容著、中公新書
『日本の旅客機2022-2023「日本の翼」のすべて』イカロス出版
『航空宇宙学への招待』東海大学出版部
『図説 宇宙工学』岩崎信夫・的川泰宣著、日経印刷株式会社
『人工衛星をつくる　設計から打ち上げまで』宮崎康行著、オーム社
『宇宙技術入門と小型衛星』増田剛志著　東京図書出版
『岐阜かかみがはら航空宇宙博物館』図録
『学研の科学 水素エネルギーロケット』学研

【参照ウェブサイト】
一般財団法人 日本航空協会
http://www.aero.or.jp
一般財団法人 日本航空機開発協会
http://www.jadc.jp
一般社団法人 日本航空宇宙工業会
https://www.sjac.or.jp
NASA
https://www.nasa.gov
JAXA 宇宙航空研究開発機構
https://www.jaxa.jp

［著者紹介］

**小熊みどり**（おぐま みどり）

科学コミュニケーター、サイエンスライター。

山形県出身。東京大学理学部 地球惑星環境学科卒業、東京大学大学院理学系研究科 地球惑星科学専攻 修士課程修了。日本科学未来館の科学コミュニケーターを経て、現在はフリーランス。著書に『環境専門家になるには』（ぺりかん社）がある。科学雑誌『Newton』などにも記事を執筆している。

# 航《こう》空《くう》宇《う》宙《ちゅう》エンジニアになるには

2023年1月25日　初版第1刷発行
2024年9月25日　初版第2刷発行

著　者　小熊みどり
発行者　廣嶋武人
発行所　株式会社ぺりかん社
〒113-0033　東京都文京区本郷1-28-36
TEL 03-3814-8515（営業）
03-3814-8732（編集）
http://www.perikansha.co.jp/
印刷所　株式会社太平印刷社
製本所　鶴亀製本株式会社


ISBN978-4-8315-1630-5　Printed in Japan



＊「なるには BOOKS」シリーズは重版の際、最新の情報をもとに、データを更新しています。